第四次气候变化国家评估报告

气候变化下的可持续发展及中国人地关系变化应对评估

王 铮 等 编著

商务印书馆
The Commercial Press
创于1897

图书在版编目（CIP）数据

气候变化下的可持续发展及中国人地关系变化应对评估/王铮
等编著. —北京：商务印书馆，2022
（第四次气候变化国家评估报告）
ISBN 978-7-100-20581-8

Ⅰ. ①气… Ⅱ. ①王… Ⅲ. ①气候变化-影响-可持续性发
展-研究报告-中国②气候变化-影响-人地关系-变化-研究报告-
中国 Ⅳ. ①X22②K92

中国版本图书馆 CIP 数据核字（2021）第 276822 号

第四次气候变化国家评估报告

气候变化下的可持续发展及中国人地关系变化应对评估

王 铮 等 编著

商 务 印 书 馆 出 版
（北京王府井大街 36 号 邮政编码 100710）
商 务 印 书 馆 发 行
北京新华印刷有限公司印刷
ISBN 978-7-100-20581-8

2022 年 6 月第 1 版　　　　开本 787×1092　1/16
2022 年 6 月北京第 1 次印刷　印张 15¼
定价：98.00 元

本 书 作 者

指导委员	方精云	院　士	北京大学/中国科学院植物研究所
	丁一汇	院　士	中国气象局国家气候中心
领衔专家	王　铮	研究员	中国科学院科技战略咨询研究院

首席作者

第一章	秦耀辰	教　授	河南大学
	崔耀平	教　授	河南大学
第二章	王　铮	研究员	中国科学院科技战略咨询研究院
	秦耀辰	教　授	河南大学
第三章	王　铮	研究员	中国科学院科技战略咨询研究院
	马晓哲	讲　师	河南大学
第四章	王　铮	研究员	中国科学院科技战略咨询研究院
	卢鹤立	教　授	河南大学
第五章	刘昌新	副研究员	中国科学院科技战略咨询研究院
	顾高翔	副教授	华东师范大学
第六章	丁金宏	教　授	华东师范大学
	乐　群	副教授	华东师范大学
第七章	吴　静	研究员	中国科学院科技战略咨询研究院
	朱永彬	副研究员	中国科学院科技战略咨询研究院

主要作者

第一章　宁晓菊　　河南财经政法大学

　　　　李亚男　　河南大学

　　　　姬广兴　　河南农业大学

第二章　朱永彬　　中国科学院科技战略咨询研究院

　　　　翟石艳　　河南大学

　　　　张丽君　　河南大学

第三章　赵金彩　　河南师范大学

　　　　吴　静　　中国科学院科技战略咨询研究院

　　　　乐　群　　华东师范大学

第四章　马晓哲　　河南大学

　　　　吴乐英　　河南大学

第五章　王　铮　　中国科学院科技战略咨询研究院

　　　　马晓哲　　河南大学

第六章　薛俊波　　中国科学院科技战略咨询研究院

　　　　孙　翊　　中国科学院科技战略咨询研究院

　　　　岳艳琳　　中国科学院科技战略咨询研究院

第七章　王　铮　　中国科学院科技战略咨询研究院

　　　　顾高翔　　华东师范大学

　　　　丁金宏　　华东师范大学

　　　　刘昌新　　中国科学院科技战略咨询研究院

前　　言

　　气候变化对人类及中国的发展有什么影响？这是我 2012～2016 年作为国家重点基础研究发展计划项目首席科学家时所面临的关键任务。项目的名称是气候变化经济过程的复杂性机制、新型集成评估模型簇与政策模拟平台研发。本报告中的很多内容都是基于这个重点基础研究发展计划项目延伸出来的成果。近几年，我们几个重要作者，王铮、丁金宏、秦耀辰、刘昌新、吴静等也致力于从地球系统科学理论视角研究人地关系。按我们几位作者的理解，人类关心气候变化的关键环节应该是人地关系，因此，本报告主要是对这些学者近些年从人地关系角度再思考的成果。人地关系，从学术上讲，有些哲学化，然而将它与中国当前的核心科学问题——可持续发展相结合，就是国家应对气候变化政策与策略需要特别研究的内容。

　　本报告特别关注的内容包括中国粮食及农业种植带的迁移、中国南北气候带的迁移、中国生态过渡带——胡焕庸线的变迁，以及粮食生产供应能力问题和经济发展水平问题。因为本报告是基于未来气候情景的预测，相关结论仅是学术上的研究和讨论，不一定是最终会发生的事情，但这些是建立在科学数据和模型基础上的研判，提供了一种相对可靠的风险预评估，具有决策参考价值。

　　本报告的领衔专家为王铮，秦耀辰、丁金宏、刘昌新、吴静也做了大量的工作，特别是由于王铮身体原因，报告总体的最终纸笔修改由刘昌新博士统筹完成，吴静与朱永彬也做了相应的辅助工作。

末了，我有责任解释一下本报告名字的由来：2018 年，我的项目团队被通知，要求完成一份中国第四次气候变化国家评估报告的特别评估报告。最初的任务是跟踪和评估非政府国际气候变化研究组（The Nongovernmental Interrational Panel on Climate Change, NIPCC）的成果和进展。后与专家团队多次讨论后，最终决定选择的特别评估报告的主题是：气候变化下的可持续发展及中国人地关系变化应对评估，我们也认为这个研究题目更符合国家应对气候变化的决策需求。最后，感谢所有支持本报告的领导和学者！

本报告得到《第四次气候变化国家评估报告》的支持。

本书作者

2021 年 8 月 1 日

目　　录

下篇　气候变化下的人地关系协调与治理

摘　　要

　　本报告重点评估气候变化下的中国可持续发展和人地关系的变化及应对评估。报告共七章，按主题内容分为三篇。上篇评估气候变化对中国农业资源及生产的影响，并从粮食安全的视角评估气候变化带来的影响；中篇评估气候变化对生态环境变化及人地关系的适应，重点从中国生态环境脆弱性的未来变化及其区域等级分布视角评估影响，并从森林碳汇制度、REDD+机制的视角评估应对措施；下篇评估气候变化对中国人口的分布及主要经济影响，并从国际气候博弈与治理视角评估气候应对措施。

　　在农业与粮食安全方面，首先从气候变化下的中国耕地资源、农业种植带、气候南北过渡带以及黄河流域宜农性的影响展开评估，进而从气候变化对中国农业生产能力、粮食贸易格局以及粮食安全的影响展开评估。评估发现，中国耕地总量整体呈现出南减北增的状况。新增耕地的重心逐步由东北向西北移动，部分耕地向高纬度地区增加。全球变暖改善了北方耕地的温度条件，但水资源短缺仍是中国农业发展的首要制约因素。辐射等气候因素对耕地动态的影响也非常重要。气候变化对大田作物水热要素产生影响，进而影响到农业种植带的分布。中国农业种植带受气候变化影响表现为：主要粮食作物种植界限向北迁移，迁移幅度受制于水资源的分布；对于其他作物，由于作物种类多样且对水热需求存在差异导致作物适宜生长区的变化方向与幅度存在明显的区域性。气候变化对南北过渡带，即农业地带界线的影响随时间而迁移变化。与历史时期相比，在代表性浓度路径（Representative Concentration Pathway, RCP）2.6、RCP4.5 和 RCP6.0 的情景下，800 毫米等降水量线过渡带和 1 月 0 摄氏度等温线的北界虽略向北推进，但变化不明显。RCP8.5 情景下的 800 毫米等降水量线和 1 月 0 摄氏度等温线的北界已北移到黄河一带，800 毫米等降水量线的南界变化不大，1 月 0 摄氏度等温线的南界已到达秦岭—淮河一线以北。气候变化对黄河流域农业气候资源的影响体现在水资源、光照资源和热量资源的变化上。黄河流域农业气候资源总体表现为下降趋势，而在不同河段上的变化存在差异。上游区域表现为暖湿趋势，其宜农性日益增加；中下游区域表现为暖干趋势，其宜农性日益减少。目前基于 RCP 情景下对未来黄河流域宜农性的研究较少，且存在一些分歧。从粮食安全视角看，气候变化对农业的影响表现为农业敏感性与脆弱性、种植制度与种植区域、作物产量与品质、气象灾害的影响与其他系统关联性等四个方面，进而带来粮食安全问题。总体来看，高纬度地区气温升高有利于作物生长，但也会加重水资源压力。气候变化对农业生产的正负面影响并存，但总体来看可能弊大于利。另一方面，气候变化对农业生产能力的影响因作物品种和地域存在较大差异。气温升高有利于水稻增产。小麦和玉米对气候变化的适应能力较强，其产量对积温变化不显著。大豆产量对降水量、平均气温单位变化的敏感性相对较大。日照时间、降水量对棉花产量有显著的负向影响。马铃薯产量与苗期气温呈显著负相关。气候变化导致全球农业生产的水、热组合发生变化，促使不同地区土地生产率相对优势改变，进而引发农业贸易量增长。总体看来，气候变化影响中国粮食供需平衡、进出口贸易以及要素投入的全球流动。国内粮食市场在减缓气候变化影响方面将发挥重要作用。粮食价格与进口量将受到气候变化的严重影响。

在对中国生态环境状态进行综合评价的研究显示，中国西部地区的环境脆弱性明显高于东部，即西部地区的环境脆弱性和恶劣程度更为显著。生态环境等级划分结果表明：中国东北地区以轻度脆弱区为主；东部地区和中部地区均以潜在、轻度和中度脆弱区为主；西部地区则以中度、重度和严重脆弱区为主。受气候变化影响，中国未来生态环境脆弱性会发生一定程度的变化，尽管其空间分布特征与历史时期相似，然而时间变化趋势明显。生态环境脆弱水平的时间趋势整体表现为随着碳排放强度的增加，脆弱水平不断增强。通过比较四种 RCP 情景下的环境脆弱性可以发现，东北地区未来的生态环境脆弱水平最为稳定，变化较小。对于生态环境脆弱等级而言，RCP8.5 情景下生态环境脆弱等级呈现明显升高的地区为华北平原；严重脆弱区和重度脆弱区主要分布在西藏、青海、四川西部、云南北部等；中度脆弱区集中在新疆北部、内蒙古、宁夏、甘肃东北部、福建、浙江等地；潜在脆弱区和轻度脆弱区主要位于华北平原地区、四川盆地、两广地区南部等。生态环境脆弱等级的时间变化趋势在不同情景下有所不同。脆弱等级呈上升趋势的地区主要位于东南地区和西北地区。生态环境脆弱等级在 21 世纪末期的上升趋势明显高于 21 世纪初期，特别是高碳排放路径下的 RCP 8.5 的情景。在气候变化影响下，中国 400 毫米降水波动带的植被变化表现出明显的时空异质性特征。从时间上来看，年尺度上植被上升趋势明显；从空间上看，东南部及中部地区植被显著上升，东北部和西南部则显著下降。植被尤其是森林生态系统具有重要的碳汇功能。中国学者普遍对中国森林碳汇的潜力及前景持乐观的态度，并指出内蒙古、云南等省区森林碳汇潜力较大。制度和政策的实施是森林碳汇更好地服务于碳减排的重要保障。当前的森林碳汇制度研究主要包括法律制度、交易机制、生态补偿机制等。通过增强森林固碳能力，减少森林砍伐和退化造成的温室气体排放，即 REDD+机制。REDD+能够有效应对气候变化，但在实施过程中遇到很多阻力和挑战。

　　国际上大多采用综合评估模型来评估气候变化及其应对人地关系的影响。综合评估模型（Integrated Assessment Model，IAM）可以在经济框架内充分考虑世界所有区域和所有经济部门、能源、土地利用、气候损失等的影响。模型还能描述减缓气候行动的潜在影响。国内外都充分发展了体系化的

IAM 模型。未来的 IAM 模型将更加注重集成：一方面是注重自然科学模型与社会经济模型的耦合，实现更加全面的集成，耦合部分更加重视对极端气候事件的刻画；另一方面将更加注重气候变化应对与区域可持续发展目标和模式的耦合。气候变化正在通过改变中国农业生产潜力，进而改变胡焕庸线的存在基础。在气候变化的影响下，2041～2060 年由于气候变化冲击而发生的迁移总人口约为 1.3 亿，但人口迁移主要仍发生于胡焕庸线以东的各省区之间。胡焕庸线对中国人口分布基本格局的划分仍然稳定。未来极端高温会更加频繁和广泛地发生。热敏疾病的发病和死亡的可能性也会随之增加。除了影响人群死亡率，高温还会影响人群的生理机能。热相关疾病发病率因此上升，造成劳动生产率下降。1980～2018 年中国沿海海平面上升速率为 3.3 毫米/年，高于同时段全球平均水平。中国海平面的变化造成全国海洋经济损失预计到 2050 年达 3.5 万亿元，占海洋生产总值的 9.39%。寻找全球利益共同改进的方案可能是应对气候变化的一种选择。在《巴黎协定》背景下，全球不能完全有效地控温在 2 摄氏度以内。如果要实现 2 摄氏度目标，则要求采取惩罚措施。从国内气候治理角度看，需要注意家庭生活碳排放的影响，因为家庭生活带来的碳排放几乎抵消了技术进步带来的减排效果。能源消耗差异是不同收入家庭碳排放差别显著的主要原因，不同收入的家庭消费引起的碳排放排序差别较大，而收入水平是造成不同家庭能源消耗和碳排放差异的主要原因。随着城镇化的推进，家庭生活碳排放将向发展型消费方向转变，需要国家进行合理引导，推广合理消费理念，避免奢侈性消费和过度消费倾向。

上　篇

粮食安全视角下的人地关系

第一章 气候变化对耕地资源及农业气候带的影响

第一节 气候变化对中国耕地资源的影响

中国人均耕地资源匮乏，耕地后备资源不足，耕地保护形势十分严峻。中国耕地分布格局保持稳定，总量基本持衡，但是整体变化呈现出南减北增的状况。新增耕地的重心逐步由东北向西北移动，还有部分耕地向高纬度地区增加。中国耕地后备资源的开发在一定时期内仍将是中国维持耕地总量动态平衡的重要手段。全国耕地后备资源的区域分布不均衡，未利用土地面积净减少居第一位的是黑龙江省，其次为新疆维吾尔自治区，但是耕地开垦占用未利用土地的重心已经逐步由东北的黑龙江向西北的新疆、甘肃和黄河三角洲地区转移。耕地资源的这种空间变化受到自然、社会、经济等众多因素的共同影响，而气候变化的影响也在一些区域有所体现。全球变暖改善了北方耕地的温度条件，但水资源短缺仍是中国农业发展的首要制约因素。辐射等气候因素对耕地动态的影响也非常重要。

一、耕地资源动态与气候变化

保障耕地资源供给就是"藏粮于地"。联合国粮农组织（Food and Agriculture Organization of the United Nations, FAO）从四个维度对粮食安全进行了界定，即"足量供给、稳定供应、可支付和营养健康"（http://www.fao.org）。其中，耕地面积和分布格局既是保障"足量供给"，又是保障"稳定供应"的土地基础。十九大报告指出："确保国家粮食安全，把中国人的饭碗牢牢端在自己手中"，因此，要优化耕地的数量和质量，提升农业综合生产力，实现粮食的安全稳定生产，保障国家粮食安全。

耕地供给直接影响到中国的粮食自足和粮食安全，一直备受人们的关注。（Anderson et al., 2014;《第三次气候变化国家评估报告》编写委员会，2015）在全球变化背景下，系统评估耕地动态及其对应的气候，特别是水热条件变化等，对了解中国的耕地资源状况、认知耕作所需的气候资源供给以及对粮食生产安全均具有重要意义。

影响作物生产和耕地产出的因素很多。其中水热和辐射资源等是最为基础的自然因素（Wang et al., 2017; Zhai et al., 2017）。作物的光合作用对气温、降水和太阳辐射均具有很高的敏感性。通常而言，在一定范围内，温度越高，降水越多，光辐射强度越大，对应的生产力和产量就越高（Liu et al., 2013）。气温、降水和辐射等均是评价耕地生产条件时对应的最为基本的气候要素（Cui et al., 2015; 田汉勤等，2010）。在多重因素影响下，维护耕地供给安全既能保障中国粮食安全的基本土地资源需求，也可以了解中国耕地面临的最基本的气候压力，同时还可进一步为评估耕地动态对应人为资源投入提供科学支撑。中国的水热和辐射条件对应发生了很多变化（Cui et al., 2016）。同时，在科学技术进步的影响下，中国的耕地也出现了很多新特征（刘纪远等，2018）。

耕地是中国宝贵的土地资源。耕地的时空动态得到了系统的分析。中国的耕地在 1990 年以来北移趋势明显，南减北增。对应地，中国的气温在该时段的升温趋势明显，而降水和太阳辐射等并没有表现出明显的线性特征，且年际波动很大。中国的耕地面积随气温、降水和辐射的增加均表现出了明显的位移规律，即耕地整体朝着高温、少雨和低辐射的区域移动。在全球变化背景下，耕地北移的动态将会使其面临着比往年更为严峻的干旱和辐射压力。

二、中国耕地资源的时空变化

（一）中国的耕地资源分布及动态

中国耕地资源的时空动态得到了很多研究的关注。众多学者基于遥感等多源数据构建了长时间序列的土地利用数据集（董金玮等，2018），并开展了中国耕地资源的时空变化及其驱动因素研究（Liu *et al.*，2014；刘纪远等，2018）。而耕地动态也一直受到多种因素的影响。近年来，随着城市扩展，在城市周边的大量优质耕地被侵占（D'Amour *et al.*，2017）。此外，还有一系列生态工程的实施以及退耕还林还草等措施也导致了耕地的流失（Qin *et al.*，2013）。同时，农村劳动力发生转移，农村呈现空心化的状态。有些区域也因此出现人为的弃耕现象（Deng *et al.*，2018）。鉴于耕地资源面临的诸多影响，国家提出要坚守 18 亿亩耕地红线，将粮食安全作为底线。为此也出台了一系列诸如"占补平衡""基本农田保护"等限制耕地资源流失的措施，并组织了大规模的土地调查。其中耕地资源调查更被列为重中之重（刘彦随等，2014；谭永忠等，2017）。

1990～2010 年，中国耕地主要分布在中部和东部的第二、三级阶梯上且中国耕地整体面积波动不大（程维明等，2018）。1990～2000 年和 2000～2010 年两个时期的变化有差异，这主要与国家政策调控和经济驱动等因素有关（刘纪远等，2014）。1990～2000 年间主要以土地开发为主，耕地面积约增加 2.8 万平方千米。新增的耕地主要来自于草地和林地，其中林地面积增加主要是由东南部大部分耕地及西南和东北部大面积草地转变而来（何慧娟等，2015）。1990～2010 年变化总体趋势是南减北增。增加的区域主要集中在西北和东北地区。耕地减少主要发生在长江中下游地区（刘洛等，2014）。

中国 2010～2015 年耕地面积共减少 0.49 万平方千米。其中，耕地转为其他土地利用类型面积约为 2.04 万平方千米，其他土地利用类型转为耕地面积约为 1.55 万平方千米。在区域上，东部地区和中部地区耕地持续减少，东北地区和西部地区耕地持续增加（刘纪远等，2018）。耕地的减少主要是由于建设用地的侵占，这是由于中国近年来经济突飞猛进，城镇化建设也随之加快，新增的建设用地大量地占用了优质耕地，从而导致优质耕地严重流失。

1990～2015 年中国耕地的变化特征为：以北纬 38°线为界，南减北增（图 1-1），总量基本持衡；新增耕地的重心逐步由东北向西北移动（徐苏等，2017）；东部和中部地区耕地持续减少；东部地区耕地减少放缓，其中，东北、华北、华中、华东及华南地区的省份耕地减少较多；东北和西部地区耕地持续增加，特别是西北、西南地区，耕地增加较多。一些研究表明，耕地面积向着高纬度地区增加（44.0°N～47.5°N），导致中国耕地生产重心向北移动（Liu *et al*., 2013）。中国从 2000 年到 2014 年，北方耕作面积质心向北移动了 310 千米（从 41.16°N 到 43.70°N）。东部地区的耕地减少主要是由于建设用地的占用（刘涛等，2018）。中部地区的耕地减少主要是受"中部崛起"战略和国家生态保护工程实施的影响下的建设用地大规模扩张与退耕还林还草（李全峰等，2017）。尽管西部地区的黄土高原、四川盆地等地区由于退耕还林还草等生态工程的实施导致耕地有一定数量的减少，但在新疆，由于绿洲农业的发展，周边耕地大量开垦，且耕地开垦强度和面积远大于西部地区中退耕还林还草工程的强度和范围，因此部分西部地区的耕地呈现大幅增加的特征（刘纪远等，2018）。

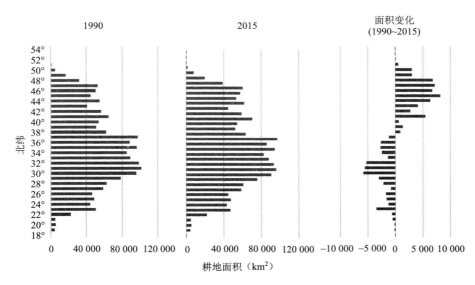

图 1-1　1990~2015 年中国耕地面积变化

（二）中国的后备耕地资源

　　土地资源作为人类社会可持续发展的资源基础支撑着社会和经济的发展。随着新型城镇化、工业化进程的加速推进，规模不断扩大的建设用地不可避免仍将继续占用较大量的耕地（肖林林等，2015）。耕地后备资源是土地资源与耕地的重要组成部分，是中国未来补充耕地、落实耕地占补平衡政策的基础。中国当前的基本国情是人多地少，耕地后备资源不足（俎磊，2016）。巨大的人口基数造成中国人均耕地资源匮乏，导致中国耕地保护形势十分严峻（任亚等，2017）。因此耕地后备资源的开发在一定时期内仍将是中国维持耕地总量动态平衡，保持耕地的重要手段。

　　耕地后备资源主要指在一定的社会环境背景下，能够利用当时的科学技术水平，通过对未利用土地改造可以转化为耕地的其他土地资源（王玲卫，2018），即对完成土地开发整理项目后可供耕种但尚未利用的土地资源进行转化（表 1-1）。耕地后备资源从狭义的角度来看，指的是那些具有耕作价值但目前尚未开发利用的土地资源；广义的耕地后备资源不仅指那些未开发利用的土地资源，而且还包括已经开发利用但利用率不高或较低的中、低产田等（杨晓晓，2015）。从来源上看，耕地后备资源主要有三类：一是整理类，主要通过中低产田的改造、农村居民点的复垦及农田基础设施的建设；二是开发类，主要包括荒草地、裸地、可开垦内陆滩涂及其他未利用地的开发；三是复垦类，主要指用于社会经济活动的采矿用地及因自然灾害形成的损毁地，可以通过工程或生物措施，实现更好的耕作效益。

表 1-1 中国未利用土地密度分区

密度分区	省（直辖市、自治区）
密集区	新疆、内蒙古、青海、西藏、甘肃
中等区	黑龙江、四川、吉林、宁夏、陕西、辽宁
稀少区	安徽、江苏、海南、湖北、台湾、天津、湖南、江西、云南、河北、山东
极稀区	上海、北京、河南、广西、重庆、贵州、浙江、山西、福建、广东

注：香港、澳门数据暂缺。

全国耕地后备资源的区域分布不均衡是受到自然、人文区位等要素的影响。中国未利用土地空间分布差异性很大，呈现西多东少、西密东疏的阶梯性空间格局（易玲等，2013）。后备耕地资源主要分布在中国西北部和青藏高原地区（新疆、黑龙江、河南、云南、甘肃），在经济发达的地区较少（李晓东等，2016）。全国范围内集中连片的耕地后备资源减少明显，当前耕地后备资源的基本特征分布呈零散破碎状（肖林林等，2015）。从 20 世纪 80 年代末至 2010 年，中国未利用土地总量持续减少，但减少量趋缓（姜淑君，2015）。当前，未利用土地面积净减少居第一位的是黑龙江省，其次为新疆维吾尔自治区。作为中国重要的耕地后备资源，耕地开垦占用未利用土地的重心已经由东北的黑龙江向西北的新疆、甘肃和黄河三角洲地区转移（周浩等，2016）。

（三）国内外两种耕地资源

在全球气候变化、能源和金融危机的国际背景下，耕地资源的争夺变得尤为激烈（黄飞等，2018）。全球耕地面积自 2010 年来呈逐渐上升趋势。2016年全球耕地面积占比为 11.06%，但中国人均耕地面积仅为 0.086 公顷，远低于世界人均耕地面积的 0.192 公顷（The World Bank, 2016），且土壤质量不高，中低产田占到了 2/3（周健民，2015）。

全球仅有 3 000 万平方千米的土地适合农作物生产。其中一半以上的土地已经被开垦，且剩余部分适宜农耕的土地大都处于热带雨林。因此目前全球农田扩展空间极小（Delzeit et al., 2017）。联合国粮农组织（FAO）的统计数据显示，2017～2018 年度的世界谷物库存消费占比达 27.3%，高于 18% 的安全线。2016 年全球有 8.15 亿人口受到饥饿影响，占世界人口的 11%，其中亚洲饥饿人口约 5.2 亿，非洲饥饿人口约 2.43 亿。两大地区占总饥饿人口总数的 93.6%（FAO and UNICEF, 2018）。影响粮食安全的诸多因素中，气候变化的影响尤为凸显，特别是愈发严重的气象灾害，给东南亚国家的耕地资源带来了较大损失。农田的扩张也给生物多样性带来了巨大影响，并通过影响生物量和土壤影响了碳储量（Molotoks et al., 2018）。

全球耕地增加较多的区域主要分布在非洲南部及中部、澳大利亚东部和北部、南美洲东南部、美国和加拿大中部、俄罗斯西部和蒙古北部等地区。减少地区主要分布在非洲中部的苏丹南部、美国中南部、俄罗斯南部及欧洲南部的保加利亚、罗马尼亚、塞尔维亚和匈牙利等国。多数国家耕地空间格局变化表现出新增耕地扩展，原有耕地减少的特征（杜国明等，2015）。周曙东等人认为未来粮食出口潜力较大的国家是巴西、俄罗斯、澳大利亚、阿根廷、加拿大、巴拉圭、乌克兰、法国、美国、南非、泰国、哈萨克斯坦和越南。就耕地生产稳定性而言，越南、泰国和巴西的稳定性最高，而俄罗斯、加拿大、哈萨克斯坦、阿根廷和澳大利亚的耕地生产稳定性较之热带国家略差，但这些国家的农业生产实力较强，因此耕地的生产稳定性高于众多温带国家（周曙东等，2015）。

当前世界粮食安全整体处于较为微妙的平衡状态，而区域间有显著不平衡的特征（黄飞等，2018），联合国关于全球耕地扩张潜力的结果显示，非洲的耕地利用率高于任何其他大陆（Mckenzie *et al.*, 2015），但超过半数未被开垦的区域没有受到保护林等其他有效保护（Molotoks *et al.*, 2018）。耕地面积不断扩张和农业集约化发展给环境带来了巨大压力。费尔南多等人认为全球的耕地面积应当限制在无冰陆地总面积的15%（Fernando *et al.*, 2015）。

就资产价格而言，中国东部沿海经济发达地区与粮食主产区的叠加区域耕地资源资产价格较高，而西北干旱半干旱地区、青藏高原地区、西南和中南部山区，以及地处中温带的东北地区耕地资源资产价格较低（朱道林等，2017）。国内的耕地资源有效供给包含供给数量和供给质量两个方面。目前国内的耕地资源供给数量逐步趋于稳定，而供给质量却不断恶化。高强度的耕地利用模式短期可大幅提升粮食产量，但长期施行这一方法将会对耕地资源的供给质量造成破坏，并严重危害耕地生态系统的生产潜力与可持续性，从而降低中国粮食的生产能力（周耕，2018）。全球性资源危机的共识和粮食武器化趋势加大了国外耕地资源的供给风险（马述忠等，2015）。国外的耕地资源有效供给涵盖了供给数量与供给风险两个方面。粮食对外贸易和农业对外投资并不是可靠的国外耕地资源供给，尤其当粮食禁运危机出现，原有的国外耕地资源供给可能被迅速切断。尽管短期的粮食进口战略会带来耕地资源的数量节约效应（孙天昊等，2016），但由于国际粮食贸易市场的风险存在，长期将可能形成巨大的耕地资源潜在供给缺口。这不利于中国的粮食安全（马述忠等，2015）。中国海外耕地投资应从高风险、低附加值的"绿地投资"模式向低风险的合作模式与高回报的资本并购模式转变（姜小鱼等，2018）。

三、气候变化对中国耕地资源的影响

（一）全球气候变化改善了北方耕地的耕作温度条件

政府间气候变化专门委员会（Intergovernmental Panel on Climate Change, IPCC）第五次评估报告指出气候变暖是毋庸置疑的事实。20 世纪 50 年代以来大气变暖、海平面上升和温室气体增加的速度是几十年乃至上千年的时间里前所未有的。全球变暖改变了全球水循环，使得高温、干旱和暴雨洪涝等极端气候事件的发生频率与强度呈加剧趋势（Barros et al., 2012；胡子瑛等，2018）。过去 50 年全球升温的速率是过去 100 年的 2 倍，且过去 30 年的每个 10 年地表平均温度都高于 1850 年以来的任何一个 10 年（杨雪梅等，2016）。近 50 年，中国地表平均气温明显升高，并且高于同期北半球平均增温水平。预计到 2100 年增幅将达到 2.2～4.2 摄氏度（Zhang et al., 2012）。未来绝大多数地区将会因降水减少和土壤蒸发量增加而面临严重的大面积干旱问题。

中国北方地区是受气候变化影响最明显的区域（Kang et al., 2018）。未来的气候变化对该地区的影响是不可忽视的。当前中国干湿变化趋势的空间分布格局是北部地区"西湿东干"，东部地区"南涝北旱"（马柱国等，2018）。西北地区东部、华北地区和东北地区处于干旱化的趋势（赵舒怡等，2015；张玉静，2017；程航等，2018）。从全国层面上来看华南地区总体表现为暖湿趋势（Yong et al., 2011），并且整个南部地区出现了西北方向越干旱、东南方向越湿润的趋势（Ren et al., 2014）。西北地区冬季升温幅度大于夏季。该地区的西部和东部分别呈暖湿化和暖干化趋势（Liu et al., 2005）

中国北方地区未来 40 年呈现干旱化倾向，其中轻度和中度季节性干旱发生频率降低，重度和极端季节性干旱发生频率增加。到 2040 年，整个北部地区将进入一个极端干旱发生频率增加、强度增强和影响范围扩大的阶段（胡实等，2015）。气候变暖对中国北方干旱化趋势有显著的贡献，因此极端干旱频率的增幅呈现半干旱区和干旱区大于半湿润区和湿润区的变化趋势。

中国北部地区的气候变化主要表现是气温和降水的变化。虽然中国北部地区整体是增温趋势，但是不同区域、不同季节气候的变化特征并不完全相同，具有各自的特殊性（徐新良等，2015）。总的来说气候变暖使得全国、北部和南部气候都出现了较为明显的变化（林婧婧等，2015）。但相比而言，北部变暖趋势和年际波动比南部更大一些。这也在一定程度上表现了北方旱灾的损失概率可能要比南方更大（陆咏晴等，2018；张强等，2015）。

（二）水资源对耕地资源的影响

水是农业的生命线。农业用水资源的供给能力与农业的发展、农业生态系统和食品安全生产有着密不可分的联系。水资源是有效利用和健全发展农作物的重要因素，对耕地的规模，尤其是水田的规模有很大的影响。有效地平衡水资源和耕地资源的关系以实现耕地资源的可持续利用，是确保国家粮食安全、耕地资源得以充分利用的关键。

水资源短缺已经成为中国农业发展的首要制约因素（李保国等，2015）。国内有很多从不同角度、不同方法上对耕地资源展开的研究。考虑到水资源约束下区域耕地资源的问题，可以将水土资源结合起来，在土地利用中充分考虑这一制约因素。区域角度的研究表明，东北地区的湿地分布于地势平坦、海拔较低的平原地区，具有坡度低、水资源丰富的特点，为农业生产，尤其是水田种植提供有利的地形和水资源基础。内蒙古农牧交错带历史上为纯牧区，到 20 世纪后半叶，才逐渐形成农牧结合区。近年来，该地区种植大户数量及面积不断增加。耕地集约化发展对水资源利用达到历史高峰。然而本地土地生态适应性差，气候干旱，水资源匮乏，旱地多，土壤贫瘠，土地退化严重，耕地利用效率低。耕地生产不仅没有给本地区带来较好的经济效益，反而加剧了资源约束，破坏了自然环境（蔡璐佳等，2017）。黄淮海平原区作为中国主要的粮食生产区之一，其可持续粮食生产能力为 1.16 亿吨/年。由于限水灌溉造成的粮食产能损失为331.84万吨/年的小麦,而玉米则不存在产能损失(雷鸣等,2018)。纵然是在降水丰沛的南部地区如海南地区,每日降水量减少20%会使水稻产量减少5%。如果每日降水量减少40%,这种作物减产率将为40%。

(三)气候关联因子对耕地资源的影响

影响作物生产和耕地产出的因素有很多。其中除水热条件外,太阳辐射和光照也是基础的自然因素。如果太阳辐射减少20%,水稻产量将减少5%(Xia *et al.*,2015)。同时还有研究表明,模拟的作物产量和太阳辐射显著相关。在黄淮海平原地区,玉米产量变化在不同区域受到太阳辐射的影响有异,且太阳辐射对玉米产量的影响通常大于太阳辐射对小麦的影响(Wang *et al.*,2015)。

在全球变化、技术进步、市场需求和城市化等多重影响下,1990年以来,中国社会经济的巨大变化,致使多种因素影响着耕地的变动(Liu *et al.*,2014)。随着全球增温减缓或停滞(Knight *et al.*,2009;崔耀平等,2018),中国北部地区的升温趋势也趋于减缓,但受到气候适应性惯性、政策引导、经济贸易、耕作技术和管理手段等的影响,耕地扩展速度虽然放缓,却在某些区域仍持续进行(Liu *et al.*,2018)。比如东北地区生产的水稻市场需求很大,在温度条件有限的情况下,可以实施地膜覆盖技术。新疆、内蒙古等地区也普遍采用了灌溉/滴灌和机械化开垦耕地技术。相反,南方地区普遍地块小,机械化措施弱,且容易受到退耕还林、还草、还湖等生态措施的影响(Huang *et al.*,2012)。加之,中部和南部地区的城市化与工业化发展迅速,造成撂荒或者直接的土地资源非耕地化利用更加突出。事实上,这个增减转换以及北纬38°线也在更深层次上反映了中国的农业与工业化和城市化的南北区域差异,也部分对应着经济发展和人口流动。而这种差异反映在土地利用上就是土地利用面积和土地利用结构上的变动与转换。总之,虽然水热和辐射等气候因素是开展耕作的基本条件，但是其他因素对耕地动态情况的干扰依然非常重要。

四、气候变化与耕地资源的交互影响

（一）多因素导致的耕地变动

土地利用变化是一个相当复杂的过程，同时受到自然、社会、经济等众多因素的影响（张明鑫等，2016；张晓栋，2017；张叶笑等，2017），但在短时间尺度上主要取决于经济发展（陆丹丹等，2015；杨泽栋等，2018）、人口流动（康金海，2015）以及政治等方面的变化（辛四梅，2015）。许多地区的城市化与耕地资源之间存在着密切的联系（Liang *et al*.，2015；Seto *et al*.，2016），快速的城市化直接导致城市空间的扩张，并导致占用耕地来发展城市（Bren *et al*.，2016；Jin *et al*.，2017）。作为世界上最大的新兴国家，中国正在实施改革开放政策以此快速发展城市化（Huang *et al*.，2016）。城市扩张直接影响的是城市周边的耕地（Jin *et al*.，2016），间接影响农民的福利、粮食系统和自然环境（Zhou *et al*.，2017）。尽管众多因素（人口基数、社会经济、城市扩展、政策等）会影响耕地的面积，但城市扩张及其对农田的影响是一直备受关注的。同时，小城镇和新农村建设等涉及农村居民点用地扩展的情况也日益得到重视。

对于耕地变化来说，隶属于社会政治经济范畴的政策特别是公共政策对土地利用变化是一个不容忽视的驱动因素。耕地基本政策"耕地总量动态平衡"自 1997 年正式提出以来，对中国的耕地利用及其生态环境变化产生了非常深远的影响（邢丹凤，2017）。该政策实施以来，在制约各地对建设用地的盲目需求，提高集约利用水平，保护和补充耕地等方面发挥了积极的作用（Wu *et al*.，2017）。2006 年 3 月 14 日，第十届全国人大四次会议上通过的"十一五"规划纲要指出（曲艺等，2018），"18 亿亩耕地是一个具有法律效力的约束性指标，是不可逾越的一道红线"（陈盼红，2016）。至此，"18 亿亩耕地红线"深入人心，进一步补充中国耕地保护政策的完整性。

面对当前耕地保护新形势，2016 年《国土资源"十三五"规划纲要》确定了"十三五"时期的耕地保有量、基本农田保护面积、高标准农田及新增建设用地总量数量目标，并且开展了土地利用总体规划调整完善工作，制定了《全国土地利用总体规划纲要（2006～2020 年）调整方案》，对全国及各省（自治区、直辖市）耕地保有量等指标进行调控（帅文波，2017）。当前，中国数量上的"占补平衡"无法体现出耕地产能的差异性（李陈等，2016）。虽然耕地占补平衡政策积极地保护了耕地数量，但新补划的基本农田往往分布在区位、地形、水热条件相对较差的地方，造成基本农田质量也就是生产能力不断下降。2017 年《中共中央国务院关于加强耕地保护和改进占补平衡的意见》提出，坚决防止耕地占补平衡中出现的补充数量不到位、补充质量不到位问题，坚决防止占多补少、占优补劣有助于从根本上遏制"耕地产能"下降的趋势。

（二）耕地资源变化对气候环境的潜在影响

耕地资源的动态变化通过改变地表反照率、表面粗糙度、叶面积指数、土壤湿度等地表属性和下垫面的性质影响地表能量分配和水分循环，进而引起温度和湿度的改变。

中国耕地动态变化对温度的影响具有区域性和季节性，且冬季弱、夏季强。中国区域内的耕地在全年、春季、冬季的温度变化中起到了促进作用，在夏季的东北地区和秋季的华北地区中起到了抑制作用。20 世纪末（1980～2000 年）中国东北地区和中部地区的毁林和毁草开荒具有降温效应。冬季平均降幅约为 0.41 摄氏度，居四季之首；东南地区的毁林开荒具有升温效应，夏季温度升幅最大，平均升幅为 0.14 摄氏度（张学珍等，2015）。也有研究显示，黑龙江省随耕地覆盖比例的增加，气温升温速度加快。黑龙江各个季节，气温随耕地覆被比例的增加变化趋势有所差异。其中春季耕地覆被整体表现为降温效应，气温随耕地覆被比例的增加降温幅度逐渐减小；夏季和秋季耕地覆被整体表现为升温效应。夏季气温随耕地覆被比例的增加升温速度减少，秋季则相反；冬季耕地覆被大于72.4%时，对气温的影响表现为升温，并随覆被比例的增加，升温速度加快（姜蓝齐，2017）。耕地动态变化对温度的影响具有区域性。在冬季，耕地转化为城乡建设用地的增温幅度随经度的增大而增高，而夏季的增温幅度则呈现出随经度增大而下降。随纬度的变化中，夏季的变化则是随纬度的增大而增高。冬季旱地也呈现与夏季类似的增高变化趋势，但水田的变化则出现下降趋势（李佳阳，2018）。

相对于温度，尽管耕地时空动态对降水及其他气候因素的影响还不甚明确，但是相关研究也在不断展开。20世纪80年代耕地扩张使得中国东部地区的气温由南到北呈现"增加—减少—增加—减少"的相间变化趋势，而降水的变化趋势大体相反。20世纪90年代农田面积减少，除东北地区外，农田化导致的气候各要素与80年代相比也呈现大体相反的变化趋势（曹富强等，2015）。耕地扩张（农田化）造成了黄淮海地区及其南侧地区降水的减少。除冬季植被改变区降水略有增加，西南至华东地区的长江下游降水减少外，其他各季节黄淮海地区均呈现降水减少的趋势。同时减弱了西南气流的水汽输送（陈怀亮，2007）。耕地转变对区域风速也有影响。中国农田变化对850百帕风场的影响夏季较强而冬季较弱。冬季风场变化主要位于植被变化明显的长江中下游以南。夏季风场变化涵盖中国中东部，风速变化超过0.2米/秒（曹富强等，2015）。土地利用变化中转变为耕地的区域以及耕地转变为城乡建设用地的区域可以使降水减少。且冬季降水变化量虽然低于夏季，但对冬季降水的影响程度会更加明显（李佳阳，2018）。

（三）气候变化下中国耕地变动的适应性措施

中国幅员辽阔，受气候变化影响的农业领域区域差异特征显著（陈浩等，2016；孙新素等，2017），为扩大可耕地面积，增加粮食产量，丰富耕地资源，开展适应措施与对策研究已成为农业领域科学应对气候变化的重要内容（钱凤魁等，2014）。其中，沿海滩涂盐碱地的开发利用备受关注。江苏省沿海地区滩涂总面积高达 0.684 万平方千米，约占全国滩涂总面积的 1/4。现有学者初步构建了以秸秆覆盖为核心的滩涂快速降盐技术体系（崔士友等，2017）。新疆被国际上喻为世界盐碱地博物馆。新疆灌区盐渍化耕地占灌区耕地的37.72%，而相应的机理、关键技术与产品，以及集成示范等涉及干旱区盐碱地生态治理模式的一系列工作也在逐步开展（田长彦等，2016）。

此外，有学者考虑了通过调整农作物的种植模式、改进农作物的品种布局、提高复种指数、调整作物种植季节等措施来丰富耕地资源。如西北干旱区减少高耗水量的农作物种植，增加马铃薯等节水、耐旱型农作物的生产。东北地区利用气候变暖热量增加趋势，应适当推进水稻种植区域北移；华南地区适当增加双季稻中高适宜种植区面积；西南地区应向高海拔和高纬度地区增加农作物种植面积（钱凤魁等，2014）。

第二节　气候变化下的中国农业地理及种植带演变

气候变化下大田作物生长的水热要素发生了变化，进而影响到作物的适宜生长区与产量。全面了解水热要素组合变化下的作物适宜生长区与产量的变化方向和幅度是明晰作物种植带演变、发展农业地理的必要步骤。本部分从农业水热要素变化、气候变化对主要粮食作物和其他作物种植影响三个方面评估气候变化下的农业地理发展和作物种植带的演变。总体来看，气候变化下的中国主要粮食作物种植界线在向北迁移，但迁移幅度受制于水资源的分布。对于其他作物，繁杂的作物种类和对水热需求的差异导致作物适宜生长区的变化方向与变化幅度存在明显的区域性。

一、气候变化对主要农业水热要素的影响

农业问题一个重要基础是农业地理的变化。研究已经确认，在农业地理上，以温度增加和降水变动为特征的全球气候变化可以改善热量资源，延长农作物的生育期，但极端气候事件增加也会造成农业生产的不稳定（吴绍洪等，2014）。宁晓菊等（2015a）证实，在全国尺度上，1951～2010 年，中国年平均气温、0 摄氏度积温和最冷月平均气温等温线均在不同程度上向北迁移。三者在全国大部分区域表现为显著增加趋势。最热月平均气温分成显著的下降和上升区。显著上升区集中在东北地区、内蒙古高原与东南沿海地区；显著下降区为黄河与长江中下游地区。降水方面，对中国农业分布格局至关重要的 400 毫米等降水量线南段和 800 毫米等降水量线在整体上相对稳定，但是黄河与长江中下游地区最热月平均气温的下降趋势和最冷月平均气温的等温线尤其是 0 摄氏度等温线逐渐从秦岭—淮河一带北移到黄河一线。宁晓菊等（2015b）还发现，在无霜期及初终霜日方面，1951～2012 年全国无霜期的年际波动幅度随纬度增加或随海拔降低而减少。全国 80%以上区域呈现初霜日推后、终霜日提前和无霜期延长的趋势，且三者的变化幅度均是北方大于南方、东部大于西部。中国多数农区无霜期延长是初霜日推后和终霜日提前的共同影响。而西南地区和长江中下游部分地区无霜期延长的原因是初霜日的推后幅度大于终霜日的推后幅度或终霜日的提前幅度大于初霜日的提前幅度。

在区域尺度上，1961～2010 年东北地区增温率为 0.33 摄氏度/十年。在 RCP4.5 和 RCP8.5 情景下 2005～2099 年增温率将分别达到 0.19 摄氏度/十年和 0.48 摄氏度/十年，且北部地区增温更加快速。其他农业热量资源随温度变化趋势相一致，生长季降水呈增加趋势，因此总体是未来东北地区向暖湿方向发展。热量资源整体增加，但与降水的不匹配可能会对农业生产造成不利

的影响（初征等，2017）。对于华北地区，1951～2000 年气温和降水分别呈明显升高和减少特征，其中冬季升温和夏季降水减少最为显著。气候呈现暖干化趋势。考虑到蒸发的影响，华北地区年春季的水分亏缺量总体呈增加趋势。春季亏缺尤为严重，使得该区域冬小麦生长季内存在干旱加重趋势（徐建文等，2014）。陈亚宁等（2014）分析认为西北干旱区平均气温在 1987 年出现了"突变型"升高。1960～1986 年平均气温增加幅度较小。1987 年后升高速率是 0.517 摄氏度/十年，但是 1997 年后温度一直处于高位震荡状态，升温趋势不明显。西北地区增加的光热资源已经提高了部分绿洲地区喜温作物的光温生产潜力。整个西北地区喜温作物面积扩大，越冬作物种植区北界向北扩展（玉苏甫等，2014）。华南地区活动积温增加趋势最明显的区域分布在云南中部、广东南部和海南岛等地区。在变暖形势下，气候带整体向高海拔扩张和高纬度北移（戴声佩等，2014）。在青藏高原雅鲁藏布江河谷地区，受气候变暖的影响，自 1970～2000 年，一熟制作物种植的海拔上界已经从 5001 米扩展到 5032 米，两熟制作物种植的海拔上界从 3608 米扩展至 3813 米（Zhang *et al.*，2013）。

二、气候变化对主要粮食作物种植影响

（一）主要粮食作物物候期气候要素变化

选择小麦、玉米和水稻三种主要粮食作物，分析气候变化对其种植的影响。1981～2010 年全国小麦的播种、出苗、三叶期和乳熟期均在推迟，而分蘖期、拔节期、孕穗期、抽穗期、开花期和成熟期均提前。这导致小麦营养生长阶段长度和生长季长度均缩短，而生殖生长阶段长度平均延长 0.06 天/年。因此，春小麦和冬小麦生长季长度分别随着生长季内平均温度上升而缩短和延长（刘玉洁等，2018）。华北地区，1996～2012 年冬小麦返青期提前的区域占整个华北地区的 78%，其中显著提前（$p=0.05$）的区域占整个华北

地区的 37.8%，提前的速度为 1.8 天/十年（Wang *et al.*, 2017）。河南省冬小麦产量对生育期平均气温和日照时数的变化比较敏感（张荣荣等，2018）。四川省冬小麦产量对生育期平均气温、日较差、降水量和辐射量均比较敏感（陈超等，2017）。同时，极端气候事件对小麦生长造成了影响。1980~2008 年黄淮海平原冬小麦生长季的极端高温有加剧趋势，且空间上自东向西逐渐加重，不利于冬小麦的生长发育（石晓丽等，2016）。1982~2013 年冬小麦生长期，河南省和山东省分别呈现变干和变湿两种趋势，总体上冬小麦产量与标准化降水蒸散指数（Standardized Precipitation Evapotranspiration Index, SPEI）变化的关联度高（Liu *et al.*, 2018）。

受气候变化的影响，1981~2010 年间，玉米生育期内平均温度和有效积温呈现增加趋势，降水量和日照时数呈现减少趋势。这导致西北内陆玉米区和西南山地丘陵玉米区的春玉米物候期以提前趋势为主，夏玉米和春夏玉米各物候期在不同区域均呈现推迟的趋势。不过西北内陆玉米区夏玉米各物候期推迟的幅度大于黄淮海平原夏玉米各物候期推迟的幅度（秦雅等，2018）。东北地区，1981~2010 年玉米生长季气候趋暖明显，热量增加。玉米各等级冷害发生年数、区域及频率都呈显著减少趋势，但是个别年份还发生重度以上冷害（余弘泳等，2017）。同时期华北地区明显的增温导致玉米开花和成熟提前，相应的生殖生长期缩短（Xiao *et al.*, 2016）。肖薇薇（2015）发现，1992~2012 年北方地区玉米自身随着年际间气温波动进行生育期调整，即年平均气温每升高 1 摄氏度，玉米生育期大致缩短 3~5 天。气候要素中，降水对玉米单产也表现为促进作用。当降水量每增加 1%，玉米产量会增长 0.21%；而气温和太阳辐射（云覆盖率）则对玉米单产产生负面影响。当温度每增加 1% 和太阳辐射每减少 1%，将导致玉米单产下降 0.99% 和 1.04%（杨笛等，2017）。河北省每公顷玉米产量会因为温度增加 1 摄氏度和降水量减小 1 毫米分别减产 150.255 千克/公顷和 1.941 千克/公顷（Chen *et al.*, 2017）。相对于小麦，华北平原夏玉米产量与 SPEI 的关联度较低（Liu *et al.*, 2018）。在 RCP2.6、4.5 和

8.5 的情景下，考虑气候变化与氮吸收率，2100 年华北地区玉米产量将会平均增长 8.5%（Liang *et al.*，2018）。黄土高原过渡带的玉米单产对平均温和日照时数均为负响应，对降水量变化呈正响应（高娟等，2016）。西南地区 46% 的站点春玉米雨养产量呈显著降低趋势，其中生长季辐射降低、温度升高、降水减少和温度日较差降低对减产的贡献率分别为 32%、40%、1% 和 −2%（戴彤等，2016）。

　　当水稻生长季平均温度超过 20 摄氏度时，由于增加的热胁迫和缩短的生长期导致气温每上升 1 摄氏度产量下降 4%。总体上 1961～2010 年增加的热胁迫和缩短的生长期导致水稻总产量下降 11.5%（Yang *et al.*，2014）。在长江中下游双季稻地区，早稻生长期间升温和积温明显增加有利于早稻提前播种、选用生育期稍长的品种、提高产量潜力和产量。晚稻生长期间升温不明显且日照时数下降则可能不利于光合作用和产量形成，影响其产量潜力和产量（艾志勇等，2014）。江苏省未来水稻生长季高温热害事件会增加（宋瑞明等，2017）。HadCM3 模式的 A2 和 B1 情景下其水稻灌溉需水量呈增加趋势，并且在 2071～2100 年增幅最大（白凯华等，2016）。在 RCP4.5 和 RCP8.5 的情景下，到 2100 年福建省各站点水稻生育期将明显缩短。生育期内平均温度均有所升高。不考虑二氧化碳肥效作用，早稻、后季稻和单季稻产量相对于基准年份均普遍减产，但是考虑二氧化碳肥效后，则普遍表现为增产（周桐宇等，2018）。西南地区水稻洪涝灾害风险是移栽分蘖期＞拔节孕穗期＞抽穗成熟期。高风险地区主要位于云南南部和东北部、贵州南部，以及四川中部的成都、眉山和德阳地区（杨建莹等，2015）。东北地区，1951～2010 年水稻延迟型冷害与气候变暖有着较好的对应关系，5～9 月平均气温和延迟型冷害呈明显反相关。其中 5～9 月平均气温升高 1 摄氏度，水稻延迟型冷害减少约 45 次。内蒙古东部地区的西部、吉林东部和黑龙江交界延迟型冷害出现的频率较大。辽宁中南部延迟型冷害出现的频率较小（袭祝香等，2014）。历史时期和气候变化情景下松嫩平原水稻全生育期灌溉需水量随年代呈波动增加趋势（黄志刚等，2015）。

（二）气候变化下主要粮食作物的种植界线及适宜生长区

冬小麦在宁夏—甘肃、河北—辽宁、山东—河北和安徽、江苏、河南以及山东交界处等地区具有明显的北移趋势（郭建平，2015）。将小麦适宜生长区分成高中低适宜区和不适宜区。1953～2012 年，小麦适宜生长区在全国多数农区范围扩大或者适宜生长等级升高，而且小麦适宜生长区对气候变化的响应程度在北方农区大于南方农区。不过总体上小麦适宜生长区在全国尺度上的分布与小麦产量的相关性并不显著（表1–2）（宁晓菊等，2019）。考虑农户依据气候变化对作物种植结构做出的适应性调整，温度对小麦种植面积重心迁移的驱动作用明显，且具有显著的负面效应，即温度每升高 1%，种植面积将减少 0.27%（范玲玲，2018）。模拟未来气候变化，相较于 1981～2010 年，2071～2100 年冬小麦种植北界将平均向北移动 147.8 千米，北移面积约 $1.86×10^5$ 平方千米（张梦婷等，2017）。在 RCP2.6、RCP4.5 和 RCP8.5 的情景下，2011～2059年黄淮海地区冬性和弱冬性品种将可能逐渐取代强冬性品种。冬小麦种植区逐步北移。北部地区的种植面积可能增加，而南部地区的种植面积则可能缩减（胡实等，2017）。冬小麦种植面积扩张增加海河流域农业用水短缺。水分成为限制该区域冬小麦扩张的主要因素。只有提高用水效率，并且将冬小麦种植面积减少 3%～15.9%，才可以应对华北地区的水短缺（Mo *et al.*，2017）。

表 1–2　粮食作物适宜类型区面积比值及变化值（%）

作物	1953～1982 年各类型区面积比值				1983～2012 年各类型区面积变化值			
	不适宜区	低适宜区	中适宜区	高适宜区	不适宜区	低适宜区	中适宜区	高适宜区
小麦	36.544	25.898	21.505	16.053	+0.943	−1.602	+0.062	+0.598
玉米	45.994	27.013	14.029	12.964	+0.048	+0.038	−0.142	+0.056
水稻	64.181	15.032	12.476	8.310	−0.563	+0.589	−0.177	+0.151

资料来源：宁晓菊等，2019。

1953～2012 年，玉米适宜生长区在东北地区、内蒙古及长城沿线地区、甘新地区、黄土高原地区和黄淮海地区范围扩大或适宜生长等级升高。在长江中下游地区、西南地区和华南地区适宜生长范围缩小或适宜生长等级降低。总体上气候变化对玉米生长在北方农区以正向影响为主，在南方农区以负向影响居多，且玉米适宜生长区在全国尺度上的分布与玉米产量的相关性在 0.5 置信水平上显著（表 1–2）（宁晓菊等，2019）。肖薇薇（2015）认为年平均气温 11℃ 可能是北方地区春玉米和夏玉米的分界阈值。不同熟型的玉米在东北地区的种植北界发生不同程度北移和东扩（郭建平，2015）。在 RCP4.5 和 RCP8.5 情景下（2011～2099 年）东北地区玉米可种植边界北移东扩，南部地区为晚熟品种，新扩展地区以早熟品种为主，不能种植地区减少（初征等，2018）。

当前气候变化使得中国单季稻和双季稻潜在种植边界显著北移（凌霄霞等，2019）。近 60 年来，中国省级尺度的水稻种植重心向东北迁移（Li et al., 2016）。1953～2012 年，水稻适宜生长区在长江中下游地区、西南地区和华南地区的变化相对稳定，在东北地区其生长边界和生长范围向北移动和扩大，在黄淮海区适宜生长等级降低。总体上水稻适宜生长区在全国尺度上的分布与水稻产量的相关性在 0.01 置信水平上显著（表 1–2）（宁晓菊等，2019）。在区域尺度上，1980～2010 年升温使得东北地区水稻面积扩张了近 4.5 倍。其扩张方向与温度迁移方向一致，表现出明显的纬度地带性特点，但有时间滞后效应（Xia et al., 2014）。受气候变化影响，广东省晚熟+晚熟地区面积明显扩大，早熟+晚熟地区面积明显减小，而早熟+早熟区的面积变化不明显。与 1961～1990 年相比，1971～2000 年和 1981～2010 年广东省晚熟+晚熟区面积分别增加了 $1.22×10^6$ 公顷和 $2.56×10^6$ 公顷，早熟+晚熟区的面积分别减小了 $1.13×10^6$ 公顷和 $2.56×10^6$ 公顷（杜尧东等，2018）。未来中国东部以秦岭—淮河为界的稻麦分界线有可能会北推到黄河一线（王铮等，2016）。

三、气候变化对其他作物种植的影响

在气候变化的影响下，陕北红枣各生育期平均气温呈上升趋势，日照时数呈减少趋势，降水量在不同生育期内的变化趋势不一。这使得红枣开花期阴雨呈减弱趋势。脆熟采收期阴雨呈增强趋势（刘璐等，2016a）。当前气候情景下，黑果枸杞的适宜种植区面积约为 207 382.8 平方千米，主要分布在河西走廊及其周边、柴达木盆地、塔里木盆地、准格尔盆地、吐鲁番盆地。在未来不同的温室气体排放情景下，黑果枸杞的适宜种植面积均有不同幅度的扩大，但不受气候变化影响的黑果枸杞适宜种植地区面积将逐渐减小（赵泽芳等，2019）。近 52 年，尤其是 20 世纪 90 年代以来，北疆宜棉区面积明显扩大，次宜棉区和不宜棉区有所减小，风险棉区变化不大。2001～2012 年与 20 世纪 60 年代相比，宜棉区面积扩大了 6.541 64×10^4 平方千米；次宜棉区和不宜棉区分别缩小了 0.999 82×10^4 平方千米和 5.286 75×10^4 平方千米（李景林等，2015）。近 54 年，新疆无霜冻期、4～9 月干燥度和大风日数的倾向率均呈显著（α=0.001）增多趋势，并在 1980 年和 1990 年发生突变。相较于 1997 年之前，新疆酿酒葡萄最适宜种植地区减小了 6.201 平方千米，占比减小了 3.7 个百分点；适宜种植地区增大了 25.63 万平方千米，占比增大 15.4 个百分点；次适宜种植地区和不宜种植地区分别缩小了 7.432 万平方千米和 11.99 万平方千米，占比分别减小 4.4 和 7.2 个百分点（张山清等，2018）。1961～2015 年新疆年平均气温、6～8 月平均气温和 1 月平均气温显著升高。冬季日最低气温≤–20 摄氏度日数显著减少，并且上述各要素分别于 1979 年、1985 年和 1997 年发生了突变。受气候变暖的影响，1997 年后较之前，新疆苹果适宜种植地区明显减小，次适宜种植地区明显扩大，不适宜种植地区也有所减小（张山清等，2016）。

在西南地区，1961～2010 年各时期贵州省刺梨种植中度适宜地区比例较高，高度适宜地区比例居中，基本适宜地区和不适宜地区比例或高或低。
1961～1990 年刺梨种植各适宜等级空间格局变化较小，1991～2000 年和
2001～2010 年各适宜等级空间格局变化较大。变化地区集中于黔东南州、铜
仁市、遵义市和毕节市。5～8 月平均气温、7 月平均气温和 3～10 月≥10 摄
氏度积温变化对贵州省刺梨种植适宜性影响较大，3～8 月降水总量变化影响
相对较小（韩会庆等，2017）。与 1986～2005 年相比，在 RCP2.6、RCP4.5
情景下，2081～2100 年贵州红心猕猴桃种植气候适宜性整体呈增加趋势；高
适宜地区和中适宜地区面积和比例增加突出，低适宜地区和不适宜地区面积
和比例明显下降；各时期红心猕猴桃种植气候适宜性变化空间异质性突出；
未来气候变化影响下各气温因子和年降水量对红心猕猴桃种植气候适宜性变
化影响存在差异（韩会庆等，2018）。RCP4.5 和 RCP8.5 气候情景下，2021～
2060 年云南烤烟种植气候适宜分布呈现北抬东扩的趋势。未来云南烤烟可种
植地区将呈逐渐增加的趋势，且 2041～2060 年增幅大于 2021～2040 年，同
时 RCP8.5 情景的增幅大于 RCP4.5 情景。其中，烤烟的最适宜地区、次适宜
地区增幅均较大，适宜地区则变化不大。未来云南中北部烟区的昆明、曲靖、
大理、楚雄、丽江最适宜地区面积与可种植面积增幅较大；文山、红河、普
洱、西双版纳等南部烟区最适宜地区面积与可种植面积减幅较大（胡雪琼等，
2016）。

在 RCP4.5 情景下，2041～2060 年和 2061～2080 年中国天然橡胶的种植
气候适宜地区范围总体呈北扩趋势，对橡胶树北移有利。2041～2060 年和
2061～2080 年中国天然橡胶气候适宜区总面积较 1981～2010 年呈增长趋势。
高适宜地区和中适宜地区的面积均有增加趋势，而低适宜地区面积呈减少趋
势。局部地区气候适宜性发生明显变化。云南的橡胶主产区的适宜地区总面
积减少。其中，云南省的景洪、勐腊等地区将由现在的高适宜地区转变为中
适宜地区；海南岛及广东雷州半岛的橡胶种植高适宜地区面积明显增加；台
湾岛出现了新的橡胶种植低适宜地区等（刘少军等，2015）。在当前气候条件

下，榨菜的适宜种植地区比例为 4.2%，主要集中在重庆涪陵的东北部、西部和东部，长寿的东部和南部，垫江的南部和东南部，丰都的西北部和北部，忠县的东南部地区，以及武隆和南川的少部分地区等。中度适宜种植地区面积比例为 6.3%。在 RCP2.6、RCP4.5、RCP6.0 和 RCP8.5 气候情景下，预测 21 世纪 50 年代榨菜适宜生境的比例下降，分别为 2.7%、3.8%、3.1% 和 3.2%；21 世纪 70 年代比例也下降，分别为 3.1%、3.7%、3.5% 和 2.9%，而中度适宜种植地区的比例有所上升（李宏群等，2018）。

显然，无论是全国尺度还是区域尺度，气候变化下农业水热要素均在发生变化，不过变化的幅度和方向存在区域差异。受农业水热要素变化的影响，很多作物生长发育出现变化，抑或受到某一水热要素的制约改变作物物候期，造成产量的波动，作用到空间上则是作物适宜生长区和生长界线的变动。因此，分析作物模拟未来气候变化下作物适宜生长区的分布，计算作物适宜生长边界的移动方向和距离，是全面理清气候变化对农业生产影响的关键，这成为下一步研究的重点内容之一。

第三节　中国气候南北过渡带变化趋势

农业地理的一条重要的地理界线是秦岭—淮河一线。它是中国区分亚热带和暖温带的一条重要的南北地理分界线，也是中国重要的农业地带界线（张百平，2019）。南北地理分界线处于亚热带气候的显著特征隐退而出现暖温带显著特征的过渡地段，并把同一等级内划分出来的内部相对一致的地域单元彼此分隔开来，同时又表现出其外部的差异性（吴绍洪等，2002）。因此，该界线不是非此即彼的，而是通过一条宽窄不一的带来完成，且在气候变化下随时间而迁移变化。这个带就是中国气候南北过渡带。确定过渡带的位置、走向、范围及边界，需要选取科学的划界指标并采用科学的划界方法。不同划界指标在历史和未来情景下的迁移变化均会引起南北过渡带范围和边界的变动，对区域内农业生产影响极大。本节重点介绍中国气候南北过渡带主要分界指标的历史迁移和 RCPs 情景下的变化趋势及其引起的南北过渡带范围的动态变化。

相关研究结果表明，各气象要素的大致变动范围西南段较东北段更为稳定。日均温≥10 摄氏度积温和干燥度指数的变化幅度大于 800 毫米等降水量线和 1 月 0 摄氏度均温。确定的中国南北过渡带的极端最北界自西向东依次穿过礼县、天水、宝鸡、耀州区、韩城、安泽、涉县、邢台、静海县；极端最南界自西向东依次穿过北川、宁强、西乡、房县、淅川、罗山、商城、定远、临安区（李亚男等，2021）。与历史时期相比，RCP2.6、RCP4.5 和 RCP6.0 的情景下，800 毫米等降水量线过渡带和 1 月 0 摄氏度等温线的北界虽略向北推进，但变化不明显。RCP8.5 情景下的 800 毫米等降水量线和 1 月 0 摄氏度等温线的北界已北移到黄河一带；800 毫米等降水量线的南界变化不大，1 月 0 摄氏度等温线的南界已到达秦岭—淮河一线以北。

一、评估的数据来源

（一）历史观测数据

本书采用 1951～2018 年 2 400 多个国家气象站点的逐日气温、降水、潜在蒸散量等气象数据来源于中国科学院资源环境科学数据中心（http://www.resdc.cn/data.aspx）。国家气象站点数量由 1951 年的 182 个增加到 2018 年的 2 425 个。不同年份气象要素的观测值存在缺失，为了保证数据的连续性和完整性，根据气候因子的计算对缺测的数据进行剔除和插补后再进行计算。

（二）未来情景数据

采用跨领域影响模式比较计划（Inter-sectoral Impact Model Inter-comparison Project, ISIMIP）提供的多模式数据集（秦大河等，2014；陈晓晨等，2014；Belda *et al.*，2015；胡苓等，2015；程志刚等，2015；刘彩红等，2015），模拟耦合模式比较计划第五阶段（Coupled Model Intercomparison Project Phase 5, CMIP5）试验中的五个全球气候模式（Global Climate Model, GCM）（表 1–3）。在 RCPs 温室气体排放情景下的变化，经过插值降尺度计算将其统一到同一分辨率下，利用简单平均方法进行多模式集合（吴佳等，2015；马丹阳等，2019），分析了中国气候南北过渡带 2019～2100 年的变化预估结果。所有未来预估结果都是相对于 1951～2018 年的气候平均值。

表 1–3　耦合模式比较计划第五阶段（CMIP5）中五个全球气候模式基本信息

模式名称	所属国家	分辨率
GFDL-ESM2M	美国	2°×2.5°
HadGEM2-AO	韩国/英国	1.25°×1.875°
IPSL-CM5A-LR	法国	1.875°×3.75°
MIROC-ESM-CHEM	日本	2.8°×2.8°
NorESM1-M	挪威	1.875°×2.5°

二、中国气候南北过渡带划界指标的选取

在基于气候要素的界定方面，学者们主要考虑从人力不能大规模改变的温度指标和水分指标中遴选划界指标（卞娟娟等，2013；郑景云等，2013）。温度指标中，0 摄氏度和 10 摄氏度是重要的农业界限温度。0 摄氏度标志着农事活动的开始或终止，最冷月（1 月）平均气温与作物生长、产量、品质

关系密切，因此 1 月 0 摄氏度均温常被作为划界指标。日均温≥10 摄氏度是喜凉作物迅速生长和喜温作物开始播种的热量条件。日均温≥10 摄氏度积温是生长期内总热量，为常见的划界指标（竺可桢，1958；黄秉维，1958）。随着研究的深入，学者们发现在采用日平均气温稳定≥10 摄氏度的日数替代 10 摄氏度以上积温 4 500 摄氏度等值线能更准确地刻画出中国温度条件的地域分异，因此主张以日均温≥10 摄氏度的持续日数作为划界指标，以日均温≥10 摄氏度积温为参考指标（吴绍洪等，2002；郑度，2008；戴声佩等，2014）。水分指标中，除 800 毫米等降水量线外（李雪萍等，2016），表征干湿状况的干燥度指数因更能体现水分的输入、分配、组合与转换规律而被纳入到划界指标中（吴绍洪等，2002；王利平等，2016；苑全治等，2017）。本节以日均温≥10 摄氏度的持续日数和干燥度指数 0.5 作为南北过渡带划分的主要指标，并采用 800 毫米等降水量线和 1 月 0 摄氏度等温线为辅助指标，用以判断中国气候南北过渡带的动态变化。

三、中国气候南北过渡带的划界方法

首先通过 ArcGIS 栅格计算对中国气候南北过渡带进行可视化表达，然后借鉴统计学原理中的均值—标准差法，利用 1951～2018 年的逐年各气候指标等值线的均值和不同标准差倍数的组合来确定南北分界线，从而实现南北过渡带范围的有效界定。标准差反映了各气候因子相对于平均水平的偏离程度。各指标的均值和标准差能反映不同年份各气候因子的变异程度。

（一）南北过渡带范围的表达

利用 SQL Server 数据库对过去 68 年（1951～2018 年）每年的逐日观测数据进行处理，其中年降水量、1 月平均气温、日均温≥10 摄氏度日数通过统计计算直接得到。干燥度指数由年降水量和潜在蒸散量的比值表示（杨建平等，2002）。

充分考虑各气候指标的特征，采用普通克里金对各气候指标插值，在精度验证后得到各气候指标 68 年的空间分布图。利用栅格计算器将各气象要素逐年插值面 x_i 分别减去各气象要素的分界值（800 毫米、0 摄氏度、219 天、0.5）得到各栅格面 y_i，求 68 年均值 z_i 的绝对值 p_i，并将五个气候指标的绝对值栅格面 p_i 可视化。

（二）南北过渡带的确定方法

从 68 年来各气候指标的空间分布图中分别提取历年 800 毫米等降水量线、1 月 0 摄氏度等温线、日均温≥10 摄氏度 219 天等值线和干燥度指数 0.5 等值线。为了具有可比性，提取的等值线均删除较短的弧段，仅保留完全连接的最长弧段，然后分别提取了各气候指标 68 年的等值线。绘制 5 千米×5 千米的渔网，删除水平渔网线，将垂直渔网线与各气候指标 68 年的等值线相交并求取交点（史文娇等，2017），然后提取同一条垂直渔网线上交点的经纬度，并求得纬度值的均值，最后将所有垂直渔网线上的经度和纬度的均值生成点，将点集转为线。该线即各气候指标 68 年变动的均值线 μ。

根据各气候指标均值线 μ，求 μ 的不同倍数标准差线 μ+1std（标准差）、μ-1std（标准差）、μ+2std（标准差）、μ-2std（标准差）、μ+3std（标准差）、μ-3std（标准差）。以 μ、μ±1std、μ±2std、μ±3std 为分割线将四个气候指标的摆动范围划分为六个带状区域，并对每个区域进行赋值。将 μ±1std（标准差）范围赋值为 1，μ±2std（标准差）范围赋值为 2，μ±3std（标准差）范围赋值为 3。运用栅格计算器将赋值后的图层相加得到数值为 4～12 的南北过渡带范围，采用自然间断点分类得到南北过渡带稳定区、敏感区和异常区的范围。

四、已观测到的中国气候南北过渡带变化

1951 年以来，中国气候南北过渡带的主要划界指标的等值线均在不同程度随年代迁移。其中，800 毫米等降水量线在 20 世纪 80 年代、21 世纪 00 年代北移，在 20 世纪 70、90 年代、21 世纪 10 年代初南移，且纬度降低趋势较明显（李雪萍等，2016）。1 月 0 摄氏度等温线从秦岭—淮河一带向北推进到黄河一线（宁晓菊等，2015）。就变化趋势而言，1951～1993 年日均温≥10 摄氏度的日数和积温在年代波动中略有下降，而 1993 年之后则快速上升；1 月平均温度在 1951～1985 年间的波动中略有上升，1985 年之后出现微弱下降。20 世纪 90 年代初以来，秦岭以北的 1 月份平均温度、日平均气温≥10 摄氏度的日数和积温的增加均比秦岭以南更大、更显著（周旗等，2011）。南北过渡带的位置北移，夏季降水减少，气候偏旱；南北过渡带的位置南移，则夏季降水增加，气候偏涝。就气候指标而言，800 毫米等降水量线位置变动对区域旱涝格局影响尤为显著。800 毫米等降水量线纬度位置越高其区域发生涝灾的可能性越大，越低则区域出现旱灾的可能性越大。

五、中国气候南北过渡带范围的可视化表达

中国气候南北过渡带划界气候指标 800 毫米等降水量线、1 月 0 摄氏度等温线、日均温≥10 摄氏度日数等值线和干燥度指数 0.5 等值线在 1951～2018 年间的地区，可以被认定为中国气候南北过渡带的范围。此范围往南或往北的区域则是超过或达不到各划界指标的区域，不属于中国气候南北过渡带的范围。由此可以证明南北过渡带不是一条非此即彼的线，而是通过一条宽窄不一的带来完成。过渡带中心的渐变区域即为中国南北气候的分界带。具体表现为：

1. 800 毫米等降水量线变动范围的中心线自东向西大致穿过山东和江苏两省交界处、安徽北部、河南中南部、陕西南部、四川西北部和西藏西南部。1 月 0 摄氏度等温线的中心线与 800 毫米等降水量线中心线的范围和走向大致相同，与秦岭—淮河一线基本一致。日均温≥10 摄氏度 219 天过渡带中心线的东段和西段更偏南，中段与其基本一致。干燥度指数 0.5 的过渡带自东向西依次经过山东东南部、河南中部、陕西南部、四川北部，随后向南延伸至云南的东南部，最后又向西北延伸至西藏西南部。

2. 就过渡带范围的边界来看，过渡带北界的变动范围由北至南排序依次为日均温≥10 摄氏度 219 天等值线、干燥度指数 0.5 等值线、800 毫米等降水量线和 1 月 0 摄氏度等温线。其中日均温≥10 摄氏度 219 天等值线过渡带东段最北已到达北京、天津，西段最北到达四川中部和云南北部。1 月 0 摄氏度等温线过渡带东段最北到达河北南部，西段最北到达西藏南部。800 毫米等降水量线和干燥度指数 0.5 等值线过渡带东段最北到达山东东北部，西段最北到达西藏东南部。过渡带南界的变动范围由南至北排序依次为 1 月 0 摄氏度等温线、日均温≥10 摄氏度 219 天等值线、800 毫米等降水量线和干燥度指数 0.5 等值线。1 月 0 摄氏度等温线的变动范围东段最南已覆盖江苏全境，西段最南到达四川中部。日均温≥10 摄氏度 219 天等值线东段最南端到达江苏南部，西段最南到达贵州西北部和四川南部。800 毫米等降水量线和干燥度指数 0.5 等值线东段最南到达江苏和安徽北部，西段最南到达云南东北部。

3. 就气候变化的稳定性而言，各气象要素的大致变动范围西南段较东北段更为稳定，与秦岭在地形上形成的巨大屏障关系密切。1 月 0 摄氏度等温线、800 毫米等降水量线和干燥度指数 0.5 等值线较日均温≥10 摄氏度 219 天等值线更为稳定。积温日数等值线的中心线的东段已越过秦岭—淮河一线，这是因为随着全球气候变暖，中国各地气温普遍上升且极端高温的异常天气频繁出现，造成年积温的大幅上升。此外，东段的淮河一线地势坦荡，冬夏气流畅通无阻，便形成了日均温≥10 摄氏度 219 天等值线向北摆动幅度较大的特征（李亚男等，2021）。

六、南北过渡带范围的定量探测

运用 ArcGIS 从 68 年来各气候指标的空间分布图中分别提取历年 800 毫米等降水量线、1 月 0 摄氏度等温线、日均温≥10 摄氏度 219 天等值线和干燥度指数 0.5 等值线，并将同一气候要素 68 年的等值线叠加至同一图层进行对比。结果表明，800 毫米等降水量线、1 月 0 摄氏度等温线和干燥度指数 0.5 等值线的摆动范围比较大。其中，800 毫米等降水量线和干燥度指数 0.5 等值线北移幅度最大的年份是 1964 年，极端最北界的位置已越过北京和天津。南移幅度最大的年份是 1978 年，极端最南界的位置自西向东依次穿过湖北东南部、安徽南部和江苏南部。1 月 0 摄氏度等温线北移幅度最大的年份是 2002 年，极端最北界的位置到达河北中部。南移幅度最大的年份是 2011 年。极端最南界的位置到达安徽、江西两省的交界处。日均温≥10 摄氏度 219 天等值线的摆动范围相对较小。等值线北移幅度最大的年份均为 2014 年。极端最北界的位置到达北京、天津。南移幅度最大的年份均为 1976 年。极端最南界的位置到达江苏北部和河南中部。其余大部分年份各气候要素的变动都较为集中（李亚男等，2021）。

根据各气象指标的均值线求取 $\mu\pm1std$（标准差）、$\mu\pm2std$（标准差）、$\mu\pm3std$（标准差）的范围，并分别将 $\mu\pm1std$、$\mu\pm2std$、$\mu\pm3std$ 的范围赋值为 1、2、3。运用栅格计算器将赋值后的 4 个指标相加得到数值为 4～12 的南北过渡带范围，并采用自然间断点分类，将过渡带划分为 3 个等级。利用 ArcGIS 将栅格计算后的结果进行分区统计。此范围内共提取了 637 个县域，其中位于南北过渡带气候变化稳定区的县域 256 个，位于气候变化敏感区的县域 187 个（李亚男等，2021）。

七、未来中国气候南北过渡带的变化

气候情景预估显示未来百年气候变暖仍将持续。20 世纪末至 21 世纪末的升温幅度可能达到 0.3～4.8 摄氏度（IPCC，2013）。温度持续升高和降水的波动变化将对中国南北过渡带产生一定影响，甚至可能使之发生重要转变（杨强等，2017；张扬等，2018；李依婵等，2018；齐贵增等，2019）。预估未来中国气候南北过渡带的动态变化，可揭示中国南北过渡带对气候变化的敏感性和敏感区，科学地制定气候变化适应策略，具有重要意义。利用耦合模式比较计划第五阶段（CMIP5）全球气候模式在特定预设情景下对未来气候进行预估，是研究未来气候变化趋势的主要途径（Meehl *et al.*，2014；刘珂等，2015；Little *et al.*，2016；梁玉莲等，2016）。杨强等（2017）采用 HadCM3 模式模拟了 1950～2059 年中国的温度、降水量和相对湿度，发现亚热带北部边界已越过秦岭—淮河一线，且其东段北移幅度较明显，亚热带的南部边界北移趋势小于北界北移趋势。张学珍等（2017）运用 CMIP5 涵盖的 30 个气候系统模式下的 2006～2100 年未来气候变化情景预估数据模拟了 RCP 4.5 和 RCP 8.5 情景下中国温度和降水的变化。研究发现 RCP 8.5 情景下的升温速率高于 RCP 4.5 情景。江淮地区夏半年升温速率最小，冬半年升温速率较大。RCP 4.5 情景下，多雨区（年降水量超过 800 毫米）和少雨区（年降水量低于800 毫米）的降水年代际变化均呈现 21 世纪 20 年代和 60 年代相对偏少，40 年代相对偏多的特征。RCP 8.5 情景下，多雨区的降水在 21 世纪 20～50 年代维持较低水平，此后呈现明显上升趋势，并在 70 年代达到峰值，而后呈现下降趋势。少雨区的降水则是在 21 世纪 10～40 年代持续上升，40～60 年代趋于下降，并在 60 年代达到谷底，而后再次呈现上升趋势。

与历史时期相比，RCPs 情景下 800 毫米等降水量线的均值线东段由山东、江苏交界处北移至山东中部，中段在河南、陕西境内较为稳定，西段在四川、西藏境内再次北移，四种情景间的北移幅度差异不明显。RCPs 情景下的 1 月 0 摄氏度等温线东段北移的幅度最大，中段北移的幅度较大，西段北移的幅度不明显。RCPs 不同情景的等值线变化幅度由大到小依次为 RCP8.5、RCP6.0、RCP4.5 和 RCP2.6。RCPs 不同情景下干燥度指数 0.5 等值线之间的变化虽不明显，但与历史时期相比差异巨大。RCPs 情景下，干燥度指数 0.5 等值线的东段从河南中部、山东中部南移到河南、山东边缘，西段的等值线发生大幅度北移，由四川中部向西北移动至青海、甘肃。

　　将历史时期的 800 毫米等降水量线、1 月 0 摄氏度等温线、日均温≥10 摄氏度日数 219 天等值线和干燥度指数 0.5 等值线的过渡带分别与 RCPs 情景下相同指标过渡带叠置，可以发现 RCP2.6、RCP4.5 和 RCP6.0 情景下，800 毫米等降水量线过渡带和 1 月 0 摄氏度等温线的北界虽略向北推进，但变化不明显。RCP8.5 情景下的 800 毫米等降水量线和 1 月 0 摄氏度等温线的北界已北移到黄河一带。800 毫米等降水量线的南界变化不大。1 月 0 摄氏度等温线的南界已到达秦岭—淮河一线以北。RCPs 情景下日均温≥10 摄氏度日数 219 天等值线的过渡带北界的东段和西段较为稳定，中段边界不断向西北部推进。过渡带南界在 RCP2.6、RCP4.5 和 RCP6.0 情景下均变化不大，但在 RCP8.5 情景下呈现出明显的北移趋势。RCPs 情景下干燥度指数 0.5 等值线的过渡带南北界的东段和中段均发生南移，极端最北界已退至历史时期的极端最南界的位置。RCPs 情景下中国气候南北过渡带主要划界指标的变化将带来南北过渡带边界和范围随之发生变化。历史情景下南北过渡带的气候变化稳定区和敏感区，在 RCPs 情景下会发生转移，区域内气候变化的风险也将大大增加。明确南北过渡带气候变化风险的来源、程度及主要特征（吴绍洪等，2016，2017），客观认识区域内及区域之间气候变化风险分布的相似性和差异性，能够为有针对性地确定适应技术奠定基础。

第四节　气候变化下中国黄河流域宜农性的
不确定挑战

本节分别从水资源、光照资源和热量资源变化三个方面评估了气候变化对黄河流域农业气候资源的影响。总体来看，黄河流域农业气候资源（水资源、光照资源和热量资源）表现为下降趋势，而在不同河段上的变化存在差异。黄河上游区域表现为暖湿趋势，其宜农性日益增加。黄河中下游区域表现为暖干趋势，其宜农性日益减少。而基于 RCP 情景下未来黄河流域宜农性的研究还较少，且存在一些分歧，表明在气候变化背景下未来黄河流域的宜农性充满了不确定性。

一、气候变化下黄河流域水资源的变化特征

农业是消耗水资源的主要部门。农业用水占全球总用水量的 70%以上（Molden *et al.*, 2007）。水资源短缺问题严重影响了粮食生产，要用有限的水资源保障粮食生产已成为关注的焦点（Lobell *et al.*, 2007a；Misra, 2014）。许多学者已经对黄河流域水资源的时空变化进行了大量的研究。

一些学者研究了黄河流域降水的时空变化规律，结果表明黄河流域降水总体上呈现减少趋势（柳春，2013；姚宛艳等，2014；陈磊等，2016），不同河段上降水的变化存在差异（刘勤等，2012；李彬，2018）。上游河段的降水呈现增加趋势（李晓英等，2015；康颖等，2015），中下游河段的降水表现为减少趋势（田清，2016；李彬，2018）。而关于 RCP 情景下降水变化的研究则存在一些分歧。柳春等（2013）研究表明，黄河流域降水总体呈波动下降趋势，且 1990 年降水最少，进入 21 世纪后降水略有增多。刘勤等（2012）

通过各月降水数据探讨了 50 年来黄河流域降水量变化趋势特征，得出黄河流域降水具有上游地区增多、中游地区减少的特点。姚宛艳等（2014）研究表明黄河流域年降水量呈不显著减少趋势，线性倾向率为–0.97 毫米/年。流域季节降水增减变化趋势不明显，变化较为复杂。李晓英等（2015）研究发现黄河源区降水量呈增加趋势，增长率分别为 1.92 毫米/十年。黄河源区降水量在春、夏季和冬季呈升高趋势，秋季呈减小趋势。黄河源区降水量空间变化差异显著，呈现出由东南向西北逐渐减小的变化规律。康颖等（2015）基于 1961～2010 年降水数据，分析了黄河源区近 50 年来的降水量变化规律。结果显示，近 50 年来黄河源区降水量呈微弱减小趋势但不显著。东南部高值区降水量呈下降趋势而西北部低值区的降水量呈增加趋势。黄河源区春季降水量显著增加。田清（2016）研究发现 1956 年以来黄河的中下游流域年降水量呈下降趋势，黄河源头流域年降水量呈上升趋势。李二辉等（2014）研究表明近 50 年来黄河上游流域降水量有增大趋势而径流量有显著减少趋势。陈磊等（2016）利用黄河流域 106 个代表气象站 1960～2010 年逐日降水资料，分析了黄河流域季节降水的时空变化。结果表明，黄河流域降水量序列总体呈减小趋势，仅冬季降水量序列呈增大趋势。王远见等（2018）利用黄河流域内分布的 67 座气象站点对过去 59 年（1959～2017 年）的黄河流域降雨序列的时空分布特征进行探究。结果表明黄河源区全区域的年降雨量均有显著的增加趋势。李彬（2018）采用小波分析及经验正交分解等方法分析黄河流域降水时空分布特征。结果表明黄河流域年降水量变化空间差异较大，流域中下游区域的年降水量呈减少或显著减少趋势;相反，在流域上游部分区域，降水量出现增加趋势。总体而言，黄河流域降水量呈 5.1 毫米/十年的减少趋势。季节降水方面，春季、秋季呈减少趋势，夏季降水变化趋势不明显，冬季降水多地区呈增加趋势。马佳宁等（2019）利用 1970～2017 年 45 个气象台站逐日降水资料分析了黄河上游流域降水空间分布规律以及年均降水和极端降水的变化趋势。结果表明黄河上游流域年降水量近年来呈现增长趋势，而极端降水事件的发生频率则有所降低。王国庆等（2014）研究发现在 RCP2.6 和 RCP4.5 情景下，黄河流域年降水量呈现弱减少趋势。线性减少率分别为 8.9 毫米/十年和 11.2 毫米/十年。在 RCP8.5 情景下，流域降水量呈现弱增加趋势，线性增加率为 14.4 毫米/十年。康丽莉等（2015）模拟了 RCP4.5 和 RCP8.5 情景下黄河流域未来气候。模拟结果显示在 RCP4.5 和 RCP8.5 排放情景下，黄河流域未来年平均降水量有微弱的增大，2019～2048 年增幅为 6%左右，2069～2098 年增幅为 1.4%～5.6%。魏洁等（2016）模拟了 RCP2.6、RCP4.5 和 RCP8.5 情景下黄河流域未来的降水，结果表明与基准期（1971～2010 年）相比，三种情景下黄河上游未来（2011～2050 年）多年平均降水增加 4.31%～5.74%。朱永楠等（Zhu *et al.*, 2016）研究发现在 RCP2.6 和 4.5 情景下的黄河流域水资源减少率在 30%到 24%之间。在 RCP8.5 情景下，21 世纪初和 21 世纪中期黄河流域水资源减少，但 2080 年后，随着降雨量的增加，极端洪水事件趋于增加。

此外，还有一些学者通过计算黄河流域的干旱指数来研究黄河流域水资源的时空变化，结果表明黄河流域总体上干旱状况加剧（牛亚婷等，2015）。不同河段上干旱状况的变化存在差异。上游河段日益变的湿润（任怡等，2017a），而中下游流域的干旱状况日益加剧（王飞等，2018）。牛亚婷等（2015）利用黄河流域 65 个站点，近 60 年（1958～2012 年）的日降水资料，采用标准化降水指数（Standardized Precipitation Index, SPI）对黄河流域的干旱时空特征进行了分析。结果表明随着时间尺度的增加，SPI 指数随机性减弱，干旱持续性加强。任怡等（2017a）依据黄河源区 28 个气象站点的逐月气象资料，运用模糊综合法建立了源区综合干旱指数，分析了黄河上游源区作物生长季干旱时空分布特征，结果表明黄河源区大部分地区轻中干旱发生频繁，且发生频率高于重特干旱，流域内春旱最为严重，夏秋干旱次之。任怡等（2017b）基于降水量、径流量和水库蓄水量等数据，采用修正的地表水分供应指数（Water Soluble Index, WSI）对黄河流域 2000～2013 年的干旱特征进行了评估。结果表明 2000～2013 年，黄河上游源区段 WSI 由干旱逐渐转为正常偏湿润，黄河中下游均由正常转为轻中干旱，其中三门峡以下段变干旱趋势最为明显。张艳芳等（2017）利用标准降水蒸散指数（Standardized Precipitation Evapotranspiration Index, SPEI）分析了 2000～2014 年黄河源区干旱指数的年际变化，结果表明 2000～2014 年黄河源区 SPEI 总体上均呈波动上升趋势，干旱程度有所降低。王飞等（2018）基于 1961～2015 年黄河流域 124 个站点的月值气象数据，以标准化降水蒸散指数（SPEI）作为干旱指标，对黄河流域及其八个水资源分区的干旱时空格局进行研究，结果表明近 55 年来黄河流域的干旱呈显著增加趋势，SPEI 倾向率为–0.148/十年，其中兰州至河口镇地区干旱化趋势最为明显（–0.214/十年）。朱悦璐等（Zhu et al., 2015）研究发现从 1952 至 2012 年黄河流域的干旱状况呈现加剧的趋势。杨肖丽等（2017）分析了 RCP2.6，RCP4.5 和 RCP8.5 三种排放情景下年尺度 SPI 在黄河上中下游区域年尺度的干旱特征。结果表明黄河流域上中下游的干旱变化存在着明显的时空差异。上游区域在 2006～2099 年期间的 SPI 值有略微增加的趋势，表明干旱在未来时期有所减弱。其中，RCP2.6 和 RCP8.5 排放情景下除了 21 世纪初期有明显的干旱外，未来时期干旱发生的频率较低，持续时间较短；RCP4.5 排放情景下上游区域在 2026 年以前有明显的干旱，之后干旱呈现明显减少的趋势。中游区域在 2026 年以前在 RCP8.5 排放情景下有明显的干旱发生，而另外两种排放情景的模拟结果显示 2010 年以后干旱呈现明显减少的趋势。下游区域 RCP2.6 排放情景下的干旱程度和发生年份明显低于其他 2 种排放情景。该流域 21 世纪初期干旱发生的严重程度和概率较大。21世纪中后期干旱发生的严重程度和概率均呈现减少的趋势。王飞等（Wang et al., 2018a）利用 SPEI 指数评价黄河流域 1961 至 2015 年的干旱状况，结果表明黄河流域的干旱状况日益加剧。王飞等（Wang et al., 2018b）利用中分辨率成像光谱仪（Moderate-Resolution Image Spectroradiometer, MODIS）的月归一化差异植被指数和地表温度数据，计算了五个遥感干旱指数（Remote Sensing

Drought Index, RSDI），探讨了 2000～2015 年黄河流域气象干旱的时空特征。结果发现除冬季外，黄河流域的 RSDI 在 2000～2015 年期间总体上旱情呈下降趋势，但各季节旱情的变化趋势不同。

二、气候变化下黄河流域光照资源的变化特征

西曼等（Seemann *et al.*，1979）认为日照时数与太阳总辐射存在稳定的比例关系，可以有效反映出当地的光能资源状况，因此光能资源一般用日照时数表示。日照时数的长短直接影响着农业生产，并对人类的日常生活有着直接的影响（Cleland *et al.*，2007；Chavas *et al.*，2009）。

一些学者对黄河流域的日照时数的时空变化进行了研究，结果表明黄河流域光照资源总体上呈现减少趋势（徐宗学等，2005），不同河段上的光照资源的变化存在差异。上游河段的光照资源呈现增加趋势（何小武等，2018），中下游河段的光照资源表现为减少趋势（周忠惠，2012；马雪宁，2013）。徐宗学等（2005）首先将黄河流域按气候特征分为五个子区域，然后分析了黄河流域 77 个气象站 1958～2001 年日照时数数据的变化趋势。结果表明黄河流域 44 年来的年、典型月日照时数序列均大致存在一定的下降趋势。子区域Ⅰ、Ⅱ、Ⅲ的日照时间均表现出了明显的下降趋势。但这一趋势在子区域Ⅳ和Ⅴ表现并不明显。这一结果表明在过去的 44 年间，黄河流域的日照时间总体上呈下降趋势。这一趋势在黄河流域中下游地区尤其明显。周忠惠（2012）研究发现黄河流域中游陕西段 1951～2010 年日照时数整体呈减少趋势，年日照时数减少速率为–53.16 小时/十年。从区域内日照季节变化看，秋冬季平均日照时数呈减少趋势，冬季减少明显，春夏季则呈增加趋势，夏季增加明显。马雪宁（2013）研究表明黄河流域自 1960 年来日照时数整体呈不明显的减少趋势。日照时数减少速率为 1.88 小时/十年。黄河上游流域生长期日照时数的线性上升趋势不明显。黄河中游生长期日照时数下降趋势不明显。1960～2010

年间黄河下游生长期日照时数呈明显下降趋势，下降率为 70.28 小时/十年。刘璐等（2016b）利用黄土高原黄河中游沿岸 12 个红枣种植县气象站 1971～2010 年共 40 年的日照时数资料，分年、主要生长季和采收期三个时间段，对黄土高原黄河沿岸 12 个红枣种植县日照时数的时空分布及变化特征进行分析，发现各时间段日照时数均呈下降趋势。总体上，各时段日照资源，尤其是采收期日照时数的减少，使大部分种植县已不能满足红枣的生理需要，对红枣生产将产生显著影响。何小武等（2018）通过利用 1961～2016 年黄河源头玛多气象站日照观测资料，分析该地区日照时数的变化趋势。结果表明，近 56 年黄河源头地区日照时数以 26 小时/十年的速率增加，且变化趋势显著。黄河源头地区日照时数在四季变化均呈增多趋势，春季增幅最大，秋季增幅最小。运用重标极差法（Rescaled Range Analysis, R/S）对日照时数月、季、年序列进行变化趋势的持续性分析可知，各月的持续性强度不同。四季中冬季的持续性强度为很强，春季、夏季、秋季则为较强；年际序列持续性强度表现很强，说明黄河源头地区日照时数变化的上升趋势在未来仍将继续保持。韩有香（2018）利用黄河上游久治气象站 1963～2016 年的日照时数、降水、云量等资料，分析了 54 年来久治地区日照时数变化特征。结果表明 54 年来久治地区日照时数以 10.34 小时/十年的倾向率增加。日照时数在四季中变化各异，均以不同的速率增加，冬季、春季、夏季和秋季的日照时数分别以 5.98 小时/十年、1.39 小时/十年、1.51 小时/十年和 5.60 小时/十年的速率增加，冬季日照时数增加最明显。各月日照时数变化各不相同，12 月日照时数最长，9 月日照时数最短；1 月和 12 月的日照时数分别以–1.17 小时/十年和–1.56 小时/十年的速率减少，其余月份的日照时数以不同的速率增加，其中 9 月增加最快，倾向率为 5.06 小时/十年。

三、气候变化下黄河流域热量资源的变化特征

热量是农作物生长发育的基本条件，在很大程度上制约着一个地区的农作物种类、耕作制度、种植方式以及产量（Lobell *et al.*, 2007b；Högy *et al.*, 2009），并通常以积温（即日平均气温≥10 摄氏度持续期间日平均气温的总和）作为表示某地区农作物热量资源的指标（蔡福等，2009）。

一些学者对黄河流域积温的变化趋势进行了研究，结果表明黄河流域的热量资源总体上呈现为增加趋势（刘勤等，2009），而在不同河段上的热量资源的增加幅度存在差异。上游热量资源增长幅度最大，中游次之，下游热量资源的增长幅度最小（马雪宁，2013；许显花等，2017）。刘勤等（2009）研究发现黄河流域 40 年间≥0 摄氏度积温保持不变的面积占 84.59%，积温段Ⅰ（<2000℃）升到积温段Ⅱ（2000～3000℃）的占 2.07%，积温段Ⅱ升到Ⅲ（3000～4000℃）的占 3.14%，积温段Ⅲ升到Ⅳ（4000～5000℃）的占 3.35%，积温段Ⅳ升到Ⅴ（>5000℃）的占 3.76%；40 年间≥10 摄氏度积温保持不变的面积占 85.58%，积温段Ⅱ升到Ⅲ的占 7.31%，积温段Ⅰ升到Ⅱ、积温段Ⅲ升到Ⅳ和积温段Ⅳ升到Ⅴ占的面积较小，分布不集中。总体来说黄河流域≥0 摄氏度、≥10 摄氏度年积温值呈升高的趋势。马雪宁（2013）研究表明 1960～2010 年来黄河流域≥10 摄氏度活动积温呈波浪式上升，增温速率为 58.7 摄氏度/十年，但不同河段的增加幅度存在差异。其中，黄河上游流域≥10 摄氏度活动积温的增加速率为 60.0 摄氏度/十年，明显高于全流域的增温速率，上升趋势十分明显（通过了 0.01 的显著性水平检验），多年活动积温平均值为 2 064.66 摄氏度；中游增温趋势与全流域表现一致，以 58.9 摄氏度/十年的速率增加；下游的活动积温同样表现出增加趋势但增幅明显低于全流域以及上、中游地区。许显花等（2017）选取黄河上游谷地四个气象站近 55 年（1961～2015 年）逐日平均气温资料，对黄河上游谷地≥10 摄氏度初日、终日、持续

日数及积温的时空分布特征进行分析。结果表明近 55 年黄河上游谷地≥10 摄氏度积温总体上呈增加趋势，各地区变化幅度不一致；黄河上游谷地≥10 摄氏度积温初日普遍提前、终日以延后为主，终日的延后趋势比初日提前的趋势显著。黄河上游谷地≥10 摄氏度持续日数呈逐年增加趋势。于海梅等（2018）利用 1961～2015 年青海省黄河上游谷地五个气象观测站日平均气温资料，对近 55 年来青海省黄河上游谷地≥0 摄氏度、≥3 摄氏度、≥5 摄氏度、≥10 摄氏度积温及其持续天数进行了分析。结果表明近 55 年来该地区≥0 摄氏度呈现明显上升趋势，≥0 摄氏度积温平均值为 2 914.8 摄氏度，倾向率达 63.6 摄氏度/十年，持续天数多年平均值为 249.7 天，倾向率为 37.19 天/十年；≥3 摄氏度、≥5 摄氏度和≥10 摄氏度积温均呈现上升趋势，与≥0 摄氏度积温的变化规律基本相同，其突变均发生在 1996 年。突变发生前积温缓慢增长，突变发生后积温呈迅速上升趋势，并且青海省黄河上游谷地的≥0 摄氏度、≥3 摄氏度、≥5 摄氏度、≥10 摄氏度积温的初日明显提前，终日稳步推后，持续天数逐年稳步增加。

参考文献

Anderson, K., A. Strutt, 2014. Food Security Policy Options for China: Lessons from Other Countries. *Food Policy*, 49.

Belda, M., E. Holtanova, T. Halenka *et al.*, 2015. Evaluation of CMIP5 Present Climate Simulations using the Köppen-Trewartha Climate Classification. *Climate Research*, 64(3).

Chavas, D. R., R. C. Izaurralde, A. M. Thomson *et al.*, 2009. Long-Term Climate Change Impacts on Agricultural Productivity in Eastern China. *Agricultural and Forest Meteorology*, 149.

Chen, Y. F., X. R. Han, W. Si *et al.*, 2017. An Assessment of Climate Change Impacts on Maize Yields in Hebei Province of China. *Science of the Total Environment*, (1).

Cleland, E. E., I. Chuine, A. Menzel *et al.*, 2007. Shifting Plant Phenology in Response to Global Change. *Trends in Ecology and Evolution*, 22(7).

Cui, Y. P., J.Y. Liu, X. Z. Zhang, *et al.*, 2015. Modeling Urban Sprawl Effects on Regional Warming in Beijing-Tianjin-Tangshan Urban Agglomeration. *Acta Ecologica Sinica*, 35(4).

Cui, Y. P., X. J. Ning, Y. C. Qin *et al.*, 2016. Spatio-Temporal Changes in Agricultural Hydrothermal Conditions in China from 1951 to 2010. *Journal of Geographical Sciences*, 26(6).

D'Amour, C. B., F. Reitsma, G. Baiocchi *et al.*, 2017. Future Urban Land Expansion and Implications for Global Croplands. *Proceedings of the National Academy of Sciences of the United States of America*, 114(34).

Delzeit, R., F. Zabel, C. Meyer *et al.*, 2017. Addressing Future Trade-Offs between Biodiversity and Cropland Expansion to Improve Food Security. *Regional Environmental Change*, 17(5).

Deng, X., D. Xu, Y. Qi *et al.*, 2018. Labor Off-Farm Employment and Cropland Abandonment in Rural China: Spatial Distribution and Empirical Analysis. *International Journal of Environmental Research and Public Health*, 15(9).

Dong, J., J. Liu, F. Tao *et al.*, 2009. Spatio-Temporal Changes in Annual Accumulated Temperature in China and the Effects on Cropping Systems 1980s to 2000. *Climate Research*, 40(1).

Dong, J., X. Xiao, G. Zhang *et al.,* 2016. Northward Expansion of Paddy Rice in Northeastern Asia during 2000~2014. *Geophysical Research Letters*, 43(8).

Eitelberg, D. A., J. Van Vliet and P. H. Verburg, 2015. A Review of Global Potentially Available Cropland Estimates and Their Consequences for Model-Based Assessments. *Global Change Biology*, 21.

FAO, I., UNICEF, 2018. WFP and WHO (2017) the State of Food Security and Nutrition in the World 2017: Building Resilience for Peace and Food Security. *Rome: Food and Agriculture Organization of the United Nations (FAO)*.

Fernando, J., D. Georgia, 2015. Comment on Planetary Boundaries: Guiding Human Development on a Changing Planet. *Science*, 348.

Fild, C. B., U. Barros, T. F. Stocker, 2012. *Managing the Risks of Extreme Events and Disasters to Advance Climate Change Adaptation: Special Report of the Intergovernmental Panel on Climate Change*, Combridge Clniversity Press.

Gao, X., K. Wu, W. Yun *et al.*, 2015. Analysis on County based Reserved Resource for Cultivated Land and Quality-Quantity Requisition-Compensation Balance in Planning Period. *Transactions of the Chinese Society of Agricultural Engineering*, 31(12).

Högy, P., C. Zörb, G. Langenkömper *et al.*, 2009. Atmospheric CO_2 Enrichment Changes the Wheat Grain Proteome. *Journal of Cereal Science*, 50(2).

Huang, L., L. Yan and J. Wu, 2016. Assessing Urban Sustainability of Chinese Megacities: 35

Years after the Economic Reform and Open-Door Policy Landscape and Urban Planning. *Landscape and Urban Planning*, 145.

Huang, L., Q. Shao and J. Liu, 2012. Forest Restoration to Achieve both Ecological and Economic Progress, Poyang Lake Basin, China. *Ecological Engineering*, 44.

Jiang, C., X. M. Mu, F. Wang *et al.*, 2016. Analysis of Extreme Temperature Events in the Qinling Mountains and Surrounding Area During 1960～2012, *Quaternary International*, 392.

Jin, X., X. Xiang, G. Xu *et al.*, 2017. Assessing the Relationship between the Spatial Distribution of Land Consolidation Projects and Farmland Resources in China, 2006～2012, *Food Security*, 9(5).

Jin, X., Z. Zhang and X. Wu, 2016. Co-ordination of Land Exploitation, Exploitable Farmland Reserves and National Planning in China, *Land Use Policy*, 57.

Jing, W., E. Wang, Y. Hong *et al.*, 2015. Differences between Observed and Calculated Solar Radiations and Their Impact on Simulated Crop Yields. *Field Crops Research*, 176.

Kang, S., A. B. Eltahir Elfatih, 2018. North China Plain Threatened by Deadly Heatwaves due to Climate Change and Irrigation. *Nature Communications*, 9(1).

Knight, J., J. Kennedy, C. Folland *et al.*, 2009. Do Global Temperature Trends over the Last Decade Falsify Climate Predictions. *Bulletin of the American Meteorological Society*, 90.

Li, Z., H. Fang, 2016. Impacts of Climate Change on Water Erosion: A Review. *Earth-Science Reviews*, 163.

Liang, C., P. Jiang, C. Wei *et al.*, 2015. Farmland Protection Policies and Rapid Urbanization in China: A Case Study for Changzhou City, *Land Use Policy*, 48.

Liang, S., Y. F. Li, X. B. Zhang *et al.*, 2018. Response of Crop Yield and Nitrogen use Efficiency for Wheat-Maize Cropping System to Future Climate Change in Northern China. *Agricultural and Forest Meteorology*, (262).

Lin, L., Z. R. Ye, M. Y. Gan *et al.*, 2017. Quality Perspective on the Dynamic Balance of Cultivated Land in Wenzhou, China. *Multidisciplinary Digital Publishing Institute*, 9(1).

Little, C. M., N. M. Urban, 2016. CMIP5 Temperature Biases and 21st Century Warming around the Antarctic Coast. *Annals of Glaciology*, 57(73).

Liu, D. X., A. X. Dong and L. D. Rong, 2005. Climatic Change of Northwest China and Its Influence on Agricultural Production in Recent 43 Years. *Agricultural Research in the Arid Areas*, (2).

Liu, J. Y., J. Ning, W. H. Kuang *et al.*, 2018. Spatiotemporal Patterns and Characteristics of Land-Use Change in China during 2010～2015. *Journal of Geographical Sciences*, 73(5).

Liu, J. Y., W. H Kuang, Z. X. Zhang *et al.*, 2014. Spatiotemporal Characteristics, Patterns, and Causes of Land-Use Changes in China since the Late 1980s. *Journal of Geographical*

Sciences, 24(2).

Liu, L., Z. J. Liu, J. Z. Gong *et al.*, 2019. Quantifying the Amount, Heterogeneity, and Pattern of Farmland: Implications for China's Requisition-Compensation Balance of Farmland Policy. *Land Use Policy*, 81.

Liu, X. F., Y. Z. Pan, X. F. Zhu *et al.*, 2018. Drought Evolution and Its Impact on the Crop Yield in the North China Plain. *Journal of Hydrology*, (564).

Liu, Z., P. Tang, W. Wu *et al.*, 2013. Change Analysis of Rice Area and Production in China during the Past Three Decades. *Journal of Geographical Sciences*, 23(6).

Lobell, D. B., C. B. Field, 2007. Global Scale Climate-Crop Yield Relationships and the Impacts of Recent Warming. *Environmental Research Letters*, 2(1).

Lobell, D. B., K. N. Cahill and C. B, Field, 2007. Historical Effects of Temperature and Precipitation on California Crop Yields. *Climatic Change*, 81(2).

Mckenzie, F. C., J. Williams, 2015. Sustainable Food Production: Constraints, Challenges and Choices by 2050. *Food Security*, 7(2).

Meehl, G. A., 2014. CMIP5 Multi-model Hindcasts for the Mid-1970s Shift and Early 2000s Hiatus and Predictions for 2016~2035. *Geophysical Research Letters*, 41.

Misra, A. K, 2014. Climate Change and Challenges of Water and Food Security. *International Journal of Sustainable Built Environment*, 3(1).

Mo, X. G., S. Hu, Z. H. Lin *et al.*, 2017. Impacts of Climate Change on Agricultural Water Resources and Adaptation on the North China Plain. *Advances in Climate Change Research*, (8).

Molotoks, A., E. Stehfest, J. Doelman *et al.*, 2018. Global Projections of Future Cropland Expansion to 2050 and Direct Impacts on Biodiversity and Carbon Storage. *Global Change Biology*, 24(12).

Qin, Y., H. Yan, J Liu *et al.*, 2013. Impacts of Ecological Restoration Projects on Agricultural Productivity in China. *Journal of Geographical Sciences*, 23(3).

Ren, Z., M. Zhang, S. Wang *et al.*, 2014. Changes in Precipitation Extremes in South China during 1961~2011. *Journal of Geographical*, 69(5).

Seemann, J., Y. I. Chirkov, J. Lomas *et al.*, 1999. *Agrometeorology.* Springer-Verlag, Berlin, Heidelberg, New York.

Seto, K. C., N. J. S. Ramankutty, 2016. Hidden Linkages Between Urbanization and Food Systems. *Ence*, 352(6228).

Stocker, T. F., D. Qin, G. K. Plattner *et al.*, 2013. *Climate Change 2013: The Physical Science Basis. Contribution of Working Group I to the Fifth Assessment Report of the Intergovernmental Panel on Climate Change.* Cambridge University Press, Cambridge, United Kingdom and New York.

Stordalen, S. G., 2018. The Global Food System under Radical Change. *Chapter 2 on Global Food Policy Report. IFPRI, Washington DC.*

The World Bank, 2016. Arable Land (%of Land Area) [Online]. *The World Bank Group. Available:* https://data.worldbank.org/indicator/ag.lnd.arbl.zs.

Wang, F., Z. Wang, H. Yang *et al.*, 2018a. Study of the Temporal and Spatial Patterns of Drought in the Yellow River Basin based on SPEI. *Science China Earth Sciences*, 61.

Wang, F., Z. Wang, H. Yang *et al.*, 2018b. Capability of Remotely Sensed Drought Indices for Representing the Spatio-temporal Variations of the Meteorological Droughts in the Yellow River Basin. *Remote Sensing*, 10(11).

Wang, J., E. Wang, H. Yin *et al.*, 2015. Differences between Observed and Calculated Solar Radiations and Their Impact on Simulated Crop Yields. *Field Crops Research*, 176.

Wang, J., J. Dong, Y. Yi *et al.*, 2017. Decreasing Net Primary Production due to Drought and Slight Decreases in Solar Radiation in China from 2000 to 2012. *Journal of Geophysical Research: Biogeosciences*, 122(1).

Wang, S. S., X. G. Mo, Z. J. Liu *et al.*, 2017. Understanding Long-Term (1982～2013) Patterns and Trends in Winter Wheat Spring Green-Up Date over the North China Plain. *International Journal of Applied Earth Observation and Geoinformation*, 57.

Wen, X., G. Fang, H. Qi *et al.*, 2016. Changes of Temperature and Precipitation Extremes in China: Past and Future. *Theoretical and Applied Climatology*, 126(1～2).

Wu, Y., L. Shan, G. Zhen *et al.*, 2017. Cultivated Land Protection Policies in China Facing 2030: Dynamic Balance System Versus Basic Farmland Zoning. *Habitat International*, 69.

Xia, L., A. Robock, J. Cole *et al.*, 2015. Solar Radiation Management Impacts on Agriculture in China: A Case Study in the Geoengineering Model Intercomparison Project (GeoMIP). *Journal of Geophysical Research: Atmospheres*, 119(14).

Xia, T., W. B. Wu, Q. B. Zhou *et al.*, 2014. Spatio-Temporal Changes in the Rice Planting Area and Their Relationship to Climate Change in Northeast China: A Model-Based Analysis. *Journal of Integrative Agriculture*, 13(7).

Xiao, D. P., Y. Q. Qi, Y. J. Shen *et al.*, 2016. Impact of Warming Climate and Cultivar Change on Maize Phenology in the Last Three Decades in North China Plain. *Theoretical and Applied Climatology*, (124).

Xin, L. and X. Li, 2018. China Should Not Massively Reclaim New Farmland. *Land Use Policy*, 72.

Xu, X., W. Liang, H. Cai *et al.*, 2017. The Influences of Spatiotemporal Change of Cultivated Land on Food Crop Production Potential in China. *Food Security*, 9(3).

Xun, W. Y., J. Xun and Z. Chen, 2015.IPCC (2013) Working Group I Contribution to the IPCC Fifth Assessment Report, Climate Change 2013: The Physical Science Basis: Summary for

Policymakers. *Geographical Science Research*, 4(3).

Yamamoto, T., A. Jalaldin, A. Maimaidi *et al.*, 2010. Land Reclamation and Water Management in an Arid Region: a Case Study of Xayar County in Xinjiang Uygur Autonomous Region, China. *WIT Transactions on Ecology and the Environment*.

Yang, J., W. Xiong, X. G Yang *et al.*, 2014. Geographic Variation of Rice Yield Response to Past Climate Change in China. *Journal of Integrative Agriculture*, 13(7).

Yong, L., X. Yang, W. Wang *et al.*, 2011. Changes of China Agricultural Climate Resources under the Background of Climate Change: Spatiotemporal Change Characteristics of Agricultural Climate Resources in South China. *The Journal of Applied Ecology*, 22(12).

Yuan, Z., Z. Yang, D. Yan *et al.*, 2017. Historical Changes and Future Projection of Extreme Precipitation in China. *Theoretical and Applied Climatology*, 127(1~2).

Zhai, R. and F. Tao, 2017. Contributions of Climate Change and Human Activities to Runoff Change in Seven Typical Catchments Across China. *Science of the Total Environment*, 605.

Zhang, G. L., J. W. Dong, C. Zhou *et al.*, 2013. Increasing Cropping Intensity in Response to Climate Warming in Tibetan Plateau, China. *Field Crops Research*, 142.

Zhang, K., S. Pan, W. Zhang *et al.*, 2015. Influence of Climate Change on Reference Evapotranspiration and Aridity Index and Their Temporal-Spatial Variations in the Yellow River Basin, China, from 1961 to 2012. *Quaternary International*, 380~381(SEP.4).

Zhang, W. J., J. Chen, Z. Xu *et al.*, 2012. Actual Responses and Adaptations of Rice Cropping System to Global Warming in Northeast. *China Entia Agricultura Sinica*, 45(7).

Zhang, X. L. and X. D. Yan, 2016, Deficiencies in the Simulation of the Geographic Distribution of Climate Types by Global Climate Models. *Climate Dynamics*, 46(9~10).

Zhou, Y., B.Xing, W. J. Ju *et al.*, 2017. Assessing the Impact of Urban Sprawl on Net Primary Productivity of Terrestrial Ecosystems Using a Process-Based Model: A Case Study in Nanjing, China. *IEEE Journal of Selected Topics in Applied Earth Observations and Remote Sensing*, 8(5).

Zhu, Y., J. Chang, S. Huang *et al.*, 2015. Characteristics of Integrated Droughts based on a Nonparametric Standardized Drought Index in the Yellow River Basin, China. *Hydrology Research*, 47(2).

Zhu, Y., Z. Lin, J. Wang *et al.*, 2016. Impacts of Climate Changes on Water Resources in Yellow River Basin, China. *Procedia Engineering*, 154.

《第三次气候变化国家评估报告》编写委员会："第三次气候变化国家评估报告"，科学出版社，2015 年。

艾志勇、郭夏宇、刘文祥等："农业气候资源变化对双季稻生产的可能影响分析"，《自然资源学报》，2014 年第 12 期。

白凯华、韩冰、罗玉峰："气候变化对江苏省未来水稻灌溉需水量的影响"，《中国农村水利水电》，2016 年第 6 期。

卞娟娟、郝志新、郑景云等："1951～2010 年中国主要气候区划界线的移动"，《地理研究》，2013 年第 7 期。

蔡福、张玉书、陈鹏狮等："近 50 年辽宁热量资源时空演变特征分析"，《自然资源学报》，2009 年第 9 期。

蔡璐佳、安萍莉、刘应成等："水资源约束下内蒙古农牧交错带耕地适度集约利用研究——以乌兰察布市为例"，《干旱区资源与环境》，2017 年第 5 期。

曹富强、丹利、马柱国："中国农田下垫面变化对气候影响的模拟研究"，《气象学报》，2015 年第 1 期。

陈斌、王绍强、刘荣高等："中国陆地生态系统 NPP 模拟及空间格局分析"，《资源科学》，2007 年第 6 期。

陈超、庞艳梅、张玉芳等："四川冬小麦产量对气候变化的敏感性和脆弱性研究"，《自然资源学报》2017 年第 1 期。

陈浩、李正国、唐鹏钦等："气候变化背景下东北水稻的时空分布特征"，《应用生态学报》，2016 年第 8 期。

陈怀亮："黄淮海地区植被覆盖变化及其对气候与水资源影响研究"（博士论文），南京信息工程大学，2007 年。

陈磊、王义民、畅建霞等："黄河流域季节降水变化特征分析"，《人民黄河》，2016 年第 9 期。

陈盼红："中国农村土地征收补偿程序问题研究"（硕士论文），河南大学，2016 年。

陈晓晨、徐影、许崇海等："CMIP5 全球气候模式对中国地区降水模拟能力的评估"，《气候变化研究进展》，2014 年第 3 期。

陈亚宁、李稚、范煜婷等："西北干旱区气候变化对水文水资源影响研究进展"，《地理学报》，2014 年第 9 期。

程帆："黑龙江省耕地资源可持续利用评价研究"（硕士论文），东北农业大学，2018 年。

程航、孙国武、冯呈呈等："亚非地区近百年干旱时空变化特征"，《干旱气象》，2018 年第 2 期。

程维明、高晓雨、马廷等："基于地貌分区的 1990～2015 年中国耕地时空特征变化分析"，《地理学报》，2018 年第 9 期。

程志刚、张渊萌、徐影："基于 CMIP5 模式集合预估 21 世纪中国气候带变迁趋势"，《气候变化研究进展》，2015 年第 2 期。

初征、郭建平、赵俊芳："东北地区未来气候变化对农业气候资源的影响"，《地理学报》，2017 年第 7 期。

初征、郭建平："未来气候变化对东北玉米品种布局的影响"，《应用气象学报》，2018 年第 2 期。

崔士友、张蛟、翟彩娇："江苏沿海滩涂快速改良与高效利用研究进展"，《农学学报》，2017

年第 3 期。

崔耀平、肖登攀、刘素洁等："中国夏玉米和冬小麦近年生育期变化及其与气候的关系"，《中国生态农业学报》，2018 年第 3 期。

代姝玮、杨晓光、赵孟等："气候变化背景下中国农业气候资源变化 II：西南地区农业气候资源时空变化特征"，《应用生态学报》，2011 年第 2 期。

戴声佩、李海亮、罗红霞等："1960～2011 年华南地区界限温度 10℃积温时空变化分析"，《地理学报》，2014 年第 5 期。

董金玮、匡文慧、刘纪远："遥感大数据支持下的全球土地覆盖连续动态监测"，《中国科学：地球科学》，2018 年第 2 期。

董庆参："耕地占补平衡中易地交易研究"（硕士论文），南昌大学，2016 年。

杜国明、匡文慧、孟凡浩等："巴西土地利用/覆盖变化时空格局及驱动因素"，《地理科学进展》，2015 年第 1 期。

杜尧东、沈平、王华等："气候变化对广东省双季稻种植气候区划的影响"，《应用生态学报》，2018 年第 12 期。

范玲玲："过去 65 年中国小麦种植时空格局变化及其驱动因素分析"（硕士论文），中国农业科学院，2018 年。

高娟、冯灵芝、张建康等："毛乌素沙漠与黄土高原过渡带气候变化对玉米产量的影响"，《中国农业资源与区划》，2016 年第 12 期。

郭建平："气候变化对中国农业生产的影响研究进展"，《应用气象学报》，2015 年第 1 期。

郭志鹏："1980～2010 年中国不同土地利用类型对温度变化的影响研究"（硕士论文），哈尔滨师范大学，2017 年。

韩会庆、张娇艳、张英佳等："未来气候变化对贵州红心猕猴桃种植气候适宜性的影响"，《西南林业大学学报》，2018 年第 4 期。

韩会庆、朱健、苏志华："气候变化对贵州省刺梨种植气候适宜性影响"，《北方园艺》，2017 年第 5 期。

韩有香："近 54 年久治地区日照时数变化特征分析"，《青海气象》，2018 年第 1 期。

何慧娟、史学丽："1990～2010 年中国土地覆盖时空变化特征"，《地球信息科学学报》，2015 年第 11 期。

何小武、刘金青："1961～2016 年黄河源头地区日照时数变化特征分析"，《现代农业科技》，2018 年第 12 期。

侯雯嘉、耿婷、陈群等："近 20 年气候变暖对东北水稻生育期和产量的影响"，《应用生态学报》，2015 年第 1 期。

胡芩、姜大膀、范广洲："青藏高原未来气候变化预估：CMIP5 模式结果"，《大气科学》，2015 年第 2 期。

胡实、莫兴国、林忠辉等："冬小麦种植区域的可能变化对黄淮海地区农业水资源盈亏的影响"，《地理研究》，2017 年第 5 期。

胡实、莫兴国、林忠辉等："未来气候情景下中国北方地区干旱时空变化趋势"，《干旱区地理》，2015 年第 2 期。

胡雪琼、徐梦莹、何雨芩等："未来气候变化对云南烤烟种植气候适宜性的影响"，《应用生态学报》，2016 年第 4 期。

胡子瑛、周俊菊、张利利等："中国北方气候干湿变化及干旱演变特征"，《生态学报》，2018 年第 6 期。

黄秉维："中国综合自然区划的初步草案"，《地理学报》，1958 年第 4 期。

黄飞、徐玉波："世界粮食不安全现状、影响因素及趋势分析"，《农学学报》，2018 年第 10 期。

黄涛、徐力刚、范宏翔等："长江流域干旱时空变化特征及演变趋势"，《环境科学研究》，2018 年第 10 期。

黄志刚、王小立、肖烨等："气候变化对松嫩平原水稻灌溉需水量的影响"，《应用生态学报》，2015 年第 1 期。

姜蓝齐："黑龙江省近百年 LUCC 对区域气温变化的影响及形机制研究"（博士论文），哈尔滨师范大学，2017 年。

姜淑君："基于 3S 技术的耕地后备资源调查与宜耕性评价研究"（硕士论文），江西理工大学，2015 年。

姜小鱼、陈秧分、王丽娟："中国海外耕地投资的区位特征及其影响因素——基于 2000～2016 年土地矩阵网络数据"，《中国农业资源与区划》，2018 年第 9 期。

蒋海波、石培基、李骞国等："基于 SLEUTH 模型的酒嘉一体化城市扩展预测"，《干旱区资源与环境》，2017 年第 1 期。

康丽莉、Ruby L. L. 、柳春等："黄河流域未来气候—水文变化的模拟研究"，《气象学报》，2015 年第 2 期。

康颖、张磊磊、张建云等："近 50 a 来黄河源区降水、气温及径流变化分析"，《人民黄河》，2015 第 7 期。

雷鸣、孔祥斌、王佳宁："水平衡下黄淮海平原区耕地可持续生产能力测算"，《地理学报》，2018 年第 3 期。

李保国、黄峰："蓝水和绿水视角下划定'中国农业用水红线'探索"，《中国农业科学》，2015 年第 13 期。

李彬："变化环境下黄河流域水汽时空演变特征及水文响应研究"（博士论文），内蒙古大学，2018 年。

李陈、靳相木："基于质量提升的规划期内县域耕地产能占补平衡潜力评价"，《自然资源学报》，2016 年第 2 期。

李二辉、穆兴民、赵广举："1919～2010 年黄河上中游区径流量变化分析"，《水科学进展》，2014 年第 2 期。

李宏群、刘晓莉、汪建华等："气候变化对重庆榨菜种植适宜区的影响"，《应用生态学报》，

2018 年第 8 期。

李佳阳："城市群土地利用变化及其气候响应研究"（硕士论文），中国地质大学（北京），2018 年。

李景林、普宗朝、张山清等："近 52 年北疆气候变化对棉花种植气候适宜性分区的影响"，《棉花学报》，2015 年第 1 期。

李全峰、胡守庚、瞿诗进："1990～2015 年长江中游地区耕地利用转型时空特征"，《地理研究》，2017 年第 8 期。

李小军、辛晓洲、彭志晴："2003～2012 年中国地表太阳辐射时空变化及其影响因子"，《太阳能学报》，2017 年第 11 期。

李晓东、塔西甫拉提·特依拜、范卓斌："基于适宜性和安全性评价的干旱区绿洲后备耕地资源开发——以渭干河—库车河三角洲绿洲为例"，《地理研究》，2016 年第 1 期。

李晓英、姚正毅、王宏伟等："近 52 a 黄河源区降水量和气温时空变化特征"，《人民黄河》，2015 年第 7 期。

李雪萍、史兴民、王阿如娜等："中国典型等降水量线年代际空间演变"，《中国沙漠》，2016 年第 1 期。

李亚男、刘钢军、刘德新，等："中国南北过渡带范围的地理表达及定量探测"，《地理研究》，2021 年第 7 期。

李依婵、李育、朱耿睿："一种新的气候变化敏感区的定义方法与预估"，《地理学报》，2018 年第 7 期。

李勇、杨晓光、代姝玮等："长江中下游地区农业气候资源时空变化特征"，《应用生态学报》，2010 第 11 期。

梁玉莲、延晓冬："RCPs 情景下中国 21 世纪气候变化预估及不确定性分析"，《热带气象学报》，2016 年第 2 期。

林婧婧、张强："中国南北方气温和降水气候态变化特征及其对气候检测结果的影响"，《气候变化研究进展》，2015 年第 4 期。

林孝松："农业气候资源研究进展"，《海南师范大学学报（自然科学版）》，2003 年第 4 期。

凌霄霞、张作林、翟景秋："气候变化对中国水稻生产的影响研究进展"，《作物学报》，2019 年第 3 期。

刘彩红、余锦华、李红梅："RCPs 情景下未来青海高原气候变化趋势预估"，《中国沙漠》，2015 年第 5 期。

刘纪远、匡文慧、张增祥等："20 世纪 80 年代末以来中国土地利用变化的基本特征与空间格局"，《地理学报》，2014 年第 1 期。

刘纪远、宁佳、匡文慧等："2010～2015 年中国土地利用变化的时空格局与新特征"，《地理学报》，2018 年第 5 期。

刘珂、姜大膀："RCP4.5 情景下中国未来干湿变化预估"，《大气科学》，2015 年第 3 期。

刘璐、王景红、张维敏等："1971～2010 年陕北红枣种植区气候变化特征及其对物候期的影响"，《干旱气象》，2016 年第 5 期 a。

刘璐、张维敏、李艳莉："黄土高原红枣种植区日照时数变化特征分析"，《陕西气象》，2016 年第 2 期 b。

刘洛、徐新良、刘纪远等："1990～2010 年中国耕地变化对粮食生产潜力的影响"，《地理学报》，2014 年第 12 期。

刘勤、严昌荣、何文清等："黄河流域近 40a 积温动态变化研究"，《自然资源学报》，2009 年第 1 期。

刘勤、严昌荣、张燕卿等："近 50 年黄河流域气温和降水量变化特征分析"，《中国农业气象》，2012 年第 4 期。

刘少军、周广胜、房世波等："未来气候变化对中国天然橡胶种植气候适宜区的影响"，《应用生态学报》，2015 年第 7 期。

刘涛、史秋洁、王雨等："中国城乡建设占用耕地的时空格局及形成机制"，《地理研究》，2018 年第 8 期。

刘彦随、乔陆印："中国新型城镇化背景下耕地保护制度与政策创新"，《经济地理》，2014 年第 4 期。

刘玉洁、陈巧敏、葛全胜等："气候变化背景下 1981～2010 中国小麦物候变化时空分异"，《中国科学：地球科学》，2018 年第 7 期。

柳春："黄河流域近 50 年气候变化及未来预估"（硕士论文），南京信息工程大学，2013 年。

陆咏晴、严岩、丁丁等："中国极端干旱天气变化趋势及其对城市水资源压力的影响"，《生态学报》，2018 年第 4 期。

马丹阳、尹云鹤、吴绍洪等："中国干湿格局对未来高排放情景下气候变化响应的敏感性"，《地理学报》，2019 年第 5 期。

马佳宁、高艳红："近 50 年黄河上游流域年均降水与极端降水变化分析"，《高原气象》，2019 年第 1 期。

马述忠、叶宏亮、任婉婉："基于国内外耕地资源有效供给的中国粮食安全问题研究"，《农业经济问题》，2015 年第 6 期。

马雪宁："近 51a 来黄河流域农业气候资源时空变化特征及未来趋势预估"，《西北师范大学》，2013 年。

马柱国、符淙斌、杨庆等："关于中国北方干旱化及其转折性变化"，《大气科学》，2018 年第 4 期。

宁晓菊、秦耀辰、崔耀平等："60 年来中国农业水热气候条件的时空变化"，《地理学报》，2015 年第 3 期。

宁晓菊、张丽君、秦耀辰等："60 年来中国主要粮食作物适宜生长区的时空分布"，《地球科学进展》，2019 年第 2 期。

宁晓菊、张丽君、杨群涛等："1951 年以来中国无霜期的变化趋势"，《地理学报》，2015

年第 11 期。

牛亚婷、王素芬："基于 SPI 的黄河流域干旱时空特征分析"，《灌溉排水学报》，2015 年第 4 期。

裴琳、严中伟、杨辉："400 多年来中国东部旱涝型变化与太平洋年代际振荡关系"，《科学通报》，2015 年第 1 期。

齐贵增、白红英、孟清等："1959~2018 年秦岭南北春季气候时空变化特征"，《干旱区研究》，2019 年第 5 期。

钱凤魁、王文涛、刘燕华："农业领域应对气候变化的适应措施与对策"，《中国人口·资源与环境》，2014 年第 5 期。

秦大河、Thomas Stocker："IPCC 第五次评估报告第一工作组报告的亮点结论"，《气候变化研究进展》，2014 年第 1 期。

秦雅、刘玉洁、葛全胜："气候变化背景下 1980~2010 年中国玉米物候变化时空分异"，《地理学报》，2018 年第 5 期。

邱俊杰、王少国、高国伟："全球变暖与中国粮食安全——基于 GTAP 模型的研究"，《财经科学》，2015 年第 4 期。

曲艺、龙花楼："中国耕地利用隐性形态转型的多学科综合研究框架"，《地理学报》，2018 年第 7 期。

任亚、方斌："江苏省耕地后备资源空间分布特征"，《南京师大学报（自然科学版）》，2017 年第 1 期。

任怡、王义民、畅建霞等："基于多源指标信息的黄河流域干旱特征对比分析"，《自然灾害学报》，2017 年第 4 期。

任怡、王义民、畅建霞等："基于模糊综合干旱指数的黄河源区作物生长季干旱时空分布分析"，《武汉大学学报（工学版）》，2017 年第 5 期。

石晓丽、史文娇："极端高温对黄淮海平原冬小麦产量的影响"，《生态与农村环境学》，2016 年第 2 期。

史文娇、刘奕婷、石晓丽："气候变化对北方农牧交错带界线变迁影响的定量探测方法研究"，《地理学报》，2017 年第 3 期。

帅文波："2016'土地管理主要政策回顾暨 2017'重点土地政策展望"，《中国土地》，2017 年第 7 期。

宋瑞明、王卫光、张翔宇等："江苏省水稻高温热害发生规律及未来情景预估"，《灌溉排水学报》，2017 年第 1 期。

苏京志、温敏、丁一汇等："全球变暖趋缓研究进展"，《大气科学》，2016 年第 6 期。

孙天昊、王妍："'一带一路'战略下的经济互动研究——基于投入产出模型的分析"，《经济问题探索》，2016 年第 5 期。

孙新素、龙致炜、宋广鹏等："气候变化对黄淮海地区夏玉米—冬小麦种植模式和产量的影响"，《中国农业科学》，2017 年第 13 期。

谭旭、周松、杨霄翼："四川省耕地后备资源空间分布特征及其影响因素"，《贵州农业科学》，2018 年第 7 期。

谭永忠、何巨、岳文泽等："全国第二次土地调查前后中国耕地面积变化的空间格局"，《自然资源学报》，2017 年第 2 期。

田汉勤、刘明亮、张弛等："全球变化与陆地系统综合集成模拟——新一代陆地生态系统动态模型（DLEM）"，《地理学报》，2010 年第 9 期。

田清："近 60 年来气候变化和人类活动对黄河、长江、珠江水沙通量影响的研究"（硕士论文），华东师范大学，2016 年。

田长彦、买文选、赵振勇："新疆干旱区盐碱地生态治理关键技术研究"，《生态学报》，2016 年第 22 期。

王飞、王宗敏、杨海波等："基于 SPEI 的黄河流域干旱时空格局研究"，《中国科学:地球科学》，2018 年第 9 期。

王国庆、张建云、金君良等："基于 RCP 情景的黄河流域未来气候变化趋势"，《水文》，2014 年第 2 期。

王佳月、辛良杰："基于 GlobeLand30 数据的中国耕地与粮食生产的时空变化分析"，《农业工程学报》，2017 年第 22 期。

王利平、文明、宋进喜等："1961～2014 年中国干燥度指数的时空变化研究"，《自然资源学报》，2016 年第 9 期。

王玲卫："基于 GIS 的耕地后备资源宜耕性评价研究"（硕士论文），华北理工大学，2018 年。

王远见、傅旭东、王光谦："黄河流域降雨时空分布特征"，《清华大学学报（自然科学版）》，2018 年第 11 期。

王铮、乐群、夏海斌："中国 2050：气候情景与胡焕庸线的稳定性"，《中国科学：地球科学》，2016 年第 46 期。

魏洁、畅建霞、陈磊："基于 VIC 模型的黄河上游未来径流变化分析"，《水力发电学报》，2016 年第 5 期。

吴佳、周波涛、徐影："中国平均降水和极端降水对气候变暖的响应：CMIP5 模式模拟评估和预估"，《地球物理学报》，2015 年第 9 期。

吴绍洪、黄季焜、刘燕华等："气候变化对中国的影响利弊"，《中国人口资源与环境》，2014 年第 1 期。

吴绍洪、罗勇、王浩等："中国气候变化影响与适应：态势和展望"，《科学通报》，2016 年第 10 期。

吴绍洪、潘韬、刘燕华，等："中国综合气候变化风险区划"，《地理学报》2017 年第 1 期。

吴绍洪、杨勤业、郑度："生态地理区域界线划分的指标体系"，《地理科学进展》，2002 年第 4 期。

裴祝香、马树庆、纪玲玲："东北地区水稻延迟型冷害时空特征及其与气候变暖的关系"，

《地理研究》，2014 年第 7 期。

肖林林、杨小唤、陈思旭："江南四省耕地后备资源调查与评价"，《资源科学》，2015 年第 10 期。

肖薇薇："气候变化对中国北方玉米种植及物候的影响"，《水土保持研究》，2015 年第 6 期。

邢丹凤："区域耕地占补平衡生态安全评估问题研究"（硕士论文），郑州大学，2017 年。

徐建文、居辉、刘勤等："黄淮海地区干旱变化特征及其对气候变化的响应"，《生态学报》，2014 年第 2 期。

徐苏、张永勇、窦明等："长江流域土地利用时空变化特征及其径流效应"，《地理科学进展》，2017 年第 4 期。

徐新良、赵美燕、刘洛等："近 30 年东北亚南北样带气候变化时空特征分析"，《地理科学》，2015 年第 11 期。

徐宗学、赵芳芳："黄河流域日照时数变化趋势分析"，《资源科学》，2005 年第 5 期。

许显花、李延林、刘金青："青海黄河谷地热量资源变化分析"，《中国农学通报》，2017 年第 27 期。

杨笛、熊伟、许吟隆等："气候变化背景下中国玉米单产增速减缓的原因"，《农业工程学报》，2017 年第增 1 期。

杨建平、丁永建、陈仁升等："近 50 年来中国干湿气候界线的 10 年际波动"，《地理学报》，2002 年第 6 期。

杨建莹、霍治国、吴立等："西南地区水稻洪涝等级评价指标构建及风险分析"，《农业工程学报》，2015 年第 1 期。

杨强、郑西楠、何立恒："基于 HadCM3 模式的我国主要气候区划界线时空预测研究"，《干旱区地理》，2017 年第 1 期。

杨肖丽、郑巍斐、林长清等："基于统计降尺度和 SPI 的黄河流域干旱预测"《河海大学学报：自然科学版》，2017 年第 5 期。

杨晓晓："耕地后备资源调查评价与适宜性分析研究"（硕士论文），长安大学，2015 年。

杨雪梅、杨太保、刘海猛等，"气候变暖背景下近 30a 北半球植被变化研究综述"，《干旱区研究》，2016 第 2 期。

姚宛艳、吴迪："近 50a 来黄河流域温度和降水基本特征和变化趋势分析"，《中国农村水利水电》，2014 年第 8 期。

姚子艳："变暖背景下全球耕地时空格局变化分析"（硕士论文），哈尔滨大学，2017 年。

易玲、张增祥、汪潇等："近 30 年中国主要耕地后备资源的时空变化"，《农业学报》，2013 年第 6 期。

于海梅、王倬、李文捷等："青海省黄河上游谷地热量资源变化特征分析"，《青海科技》，2018 年第 6 期。

于沪宁："农业气候资源分析和利用"，气象出版社，1985 年。

余弘泳、赵俊芳、余会康：“气候变化对年代际东北玉米冷害影响分析”，《中国农业资源与区划》，2017 年第 5 期。

玉苏甫、买买提、买合皮热提·吾拉木等：“气候变化对渭干河—库车河三角洲棉花生产的影响”，《地理研究》，2014 年第 2 期。

苑全治、吴绍洪、戴尔阜等：“1961～2015 年中国气候干湿状况的时空分异”，《中国科学：地球科学》，2017 年第 11 期。

张百平：“中国南北过渡带研究的十大科学问题”，《地理科学进展》，2019 年第 3 期。

张会言、杨立彬、张新海：“黄河流域经济社会发展指标分析”，《人民黄河》，2013 年第 10 期。

张梦婷、张玉静、佟金鹤等：“未来气候情景下冬小麦潜在北移区农业气候资源变化特征”，《气候变化研究进展》，2017 年第 2 期。

张强、韩兰英、郝小翠等：“气候变化对中国农业旱灾损失率的影响及其南北区域差异性”，《气象学报》，2015 年第 6 期。

张荣荣、宁晓菊、秦耀辰等：“1980 年以来河南省主要粮食作物产量对气候变化的敏感性分析”，《资源科学》，2018 年第 1 期。

张山清、普宗朝、吉春容等：“气候变化对新疆酿酒葡萄种植气候区划的影响”，《中国农业资源与区划》，2016 年第 9 期。

张山清、普宗朝、李新建等：“气候变化对新疆苹果种植气候适宜性的影响”，《中国农业资源与区划》，2018 年第 8 期。

张少辉：“耕地资源占补平衡制度研究”（硕士论文），河北地质大学，2016 年。

张煦庭、潘学标、徐琳等：“中国温带地区不同界限温度下农业热量资源的时空演变”，《资源科学》，2017 年第 11 期。

张学珍、李侠祥、徐新创等：“基于模式优选的 21 世纪中国气候变化情景集合预估”，《地理学报》，2017 年第 9 期。

张学珍、刘纪远、熊喆等：“20 世纪末中国中东部耕地扩张对表面气温影响的模拟”，《地理学报》，2015 年第 9 期。

张艳芳、吴春玲、张宏运等：“黄河源区植被指数与干旱指数时空变化特征”，《山地学报》，2017 年第 2 期。

张扬、白红英、苏凯等：“1960~2013 年秦岭陕西段南北坡极端气温变化空间差异”，《地理学报》，2018 年第 7 期。

张玉静：“PRECIS 对中国区域极端气候事件的高分辨率数值模拟与预估”（博士论文），中国农业科学院，2017 年。

赵舒怡、宫兆宁、刘旭颖：“2001～2013 年华北地区植被覆盖度与干旱条件的相关分析”，《地理学报》，2015 年第 5 期。

赵泽芳、卫海燕、郭彦龙等：“黑果枸杞分布对气候变化的响应及其种植适宜性”，《中国沙漠》，2019 年第 5 期。

郑度、欧阳、周成虎："对自然地理区划方法的认识与思考"，《地理学报》，2008 年第 63 卷 06 期。

郑景云、卞娟娟、葛全胜等："1981～2010 年中国气候区划"，《科学通报》，2013 年第 30 期。

周耕："当代中国农村结构性贫困问题研究"（博士论文），吉林大学，2018 年。

周浩、雷国平、路昌等："黑龙江省耕地后备资源宜耕性评价与空间分异特征研究"，《农业现代化研究》，2016 年第 5 期。

周健民："浅谈中国土壤质量变化与耕地资源可持续利用"，《中国科学院院刊》，2015 年第 4 期。

周旗、卞娟娟、郑景云："秦岭南北 1951～2009 年的气温与热量资源变化"，《地理学报》，2011 年第 9 期。

周曙东、赵明正、陈康等："世界主要粮食出口国的粮食生产潜力分析"，《农业经济问题》，2015 年第 6 期。

周桐宇、江敏、孙汪亮等："未来气候变化对福建省水稻产量影响的模拟"，《生态学杂志》，2018 年第 1 期。

周忠惠："气候变化对黄河流域陕西段的农业影响研究"，西北农林科技大学，2012 年。

朱道林、杜挺："中国耕地资源资产核算方法与结果分析"，《中国土地科学》，2017 年第 10 期。

竺可桢："中国的亚热带"，《科学通报》，1958 年第 17 期。

俎磊："基于 ARCGIS 的耕地后备资源宜耕性潜力分析"（硕士论文），天津工业大学，2016 年。

第二章 气候变化对中国粮食供给安全的影响

第一节 气候变化对中国农业生产能力的影响

农业是受气候变化影响最显著和最直接的经济部门，同时也是国民经济中最基础的部门。农业产量保持稳定决定了中国的粮食供应安全。作为国家安全的重要方面，其对中国的社会稳定具有举足轻重的重要意义。因此，气候变化对中国农业生产能力的影响成为气候变化研究的重要领域，持续受到学术界的关注和研究。

相关研究发现，气温升高有利于水稻增产，降水下降对水稻单产以不利影响为主。小麦和玉米对气候变化的适应能力较强，其产量对积温变化不显著，对降水的一次项和二次项都比较显著，且主要以不利影响为主。大豆气象产量对降水量、平均气温单位变化的敏感性相对较大。影响大豆气象产量的主要气象因子的关联序为:大于 10 摄氏度活动积温＞大于 2 摄氏度的无霜期＞5～9 月降水量＞大于 20 摄氏度活动积温＞日平均气温大于 20 摄氏度持续天数。棉花也是一种喜温喜光作物，其产量形成与气象条件有十分紧密的联系。日照时间、降水量对中国棉花产量有显著负向影响，积温显著正向影响中国棉花产量。气候变化对马铃薯产量的影响也较大，与苗期气温呈显著负相关，与苗期降水量呈正相关。

一、对农作物产量的综合影响

基于历史经验的实证研究发现，气候变化对中国农作物气象产量的影响以减产的风险为主。在区域分布方面，北部省份农作物产量波动性和减产率均相对高于其他省份。云南省农作物气象减产幅度远远高于其他省份。青海省、安徽省以及福建省均为气候负面影响的敏感区域。旱灾是导致气象减产的主要因子之一。青海省和新疆维吾尔自治区导致气象减产的主要灾害分别为风雹灾和霜冻灾（胡亚男等，2018）。

在更微观的空间尺度上，气候变化对农作物的影响也具有类似的结论：近61年来（1952～2012年），云南省洱源县农作物产量受气候变化影响的程度正不断上升，以负面影响为主。其中，洱源县温度生产潜力呈上升趋势，降水生产潜力呈下降趋势。气候生产潜力与研究时段年均温度相关系数为−0.11，与年均降水量相关系数为0.96，表明降水量是决定洱源县气候生产潜力的主导因子。（陈远翔，2016）近50年黑河流域增温趋势明显，中、上游地区增温趋势尤为显著。降水趋势中游地区变化平缓，中、上游地区秋、冬两季明显增加。气候变暖、增湿有利于农业生产发展，使农业生产潜力增大，但水、热不同季，时空差异大，使易受春旱和春末夏初干旱威胁的高耗水、喜温凉气候的春小麦、水稻等作物产量增长趋势变缓，生育进程加快，发育期缩短。近10年春小麦发育期比20世纪80年代平均缩短了4天，适宜种植地区面积减小，品质下降。而品质好、经济效益高且喜温的玉米、棉花适宜种植地区面积扩大，种植海拔上限提升。玉米中晚熟品种种植适宜地区上限高度已由海拔1 500米提升到海拔1 800米左右。作物发育期延长。近10年发育期比20世纪80年代延长了13天，产量提高。气候湿润指数呈周期性波动性变化。20世纪80年代中期以前呈波动性上升趋势，以后由于流域内增温幅度大于增湿幅度，水、热增长趋势失衡，使得气候湿润指数缓慢下降，进而导致高山冰川、积雪融化速度加快，河流来水量增加，水资源过度消耗，对流域内绿洲农业可持续发展影响巨大（马红勇等，2015）。

二、对粮食作物产量的影响

（一）水稻

中国是水稻的原产地，也是世界上水稻产量最高的国家。水稻在中国有广泛的分布，其中双季稻（早稻与双季晚稻）的种植区主要位于华中和华南地区，如湖南、湖北、江西、安徽、浙江、福建、广东、广西、云南和海南等省区。中稻和一季晚稻种植范围较广，除甘肃、青海、西藏、山西、广东、海南等省份以外，全国均有种植。

气候变化对中国水稻亩产产量影响比较大。降水下降对水稻单产以不利影响为主，气温升高有利于水稻增产。从全国尺度来看，水稻亩产产量对积温和降水的一次项和二次项都显著，且为倒 U 型关系。积温相对全国平均水平每上升 1 个百分点将导致水稻亩产产量增加 0.5～1.16 个百分点；降水减少 1 个百分点，水稻亩产产量平均减少 0.045～0.081 个百分点。研究表明，中国历史时期的气候变化趋势对水稻产量增产起到了一定的促进作用。2000 年代相对于 1980 年代，气候变化的综合影响导致水稻增产 1.7～4.1 个百分点。分区域来看，积温上升对东北和华北水稻亩产有利，但对华中和华南地区水稻产量不利。降水与华北水稻亩产为正相关关系，但与华东水稻亩产为负相关关系（何为等，2015）。1978～2012 年由于中国稻谷主要产区年均降水量下降了 63.15 毫米，气温上升了 1.64 摄氏度，日照时间减少了 151.14 小时，代入估算气候变化给中国稻谷生产带来大约 9.02% 的积极影响（吴昊等，2015）。

不同地区的水稻生长季存在一定差异，因此气候变化对不同产区水稻的影响不尽相同。对水稻主产区湖南省的研究发现，高产区（湘潭、娄底、长沙、株洲）水稻产量受气候因素影响不显著，主要源于早稻和晚稻受气温影响小，而中稻的种植比例很低。但气温对中产区（邵阳、郴州、张家界、怀化、衡阳）水稻气候产量有显著负效应，源于占比较高的中稻，会受高温抑制分蘖，阻碍花粉成熟，最终影响中稻结实率。由于稻谷是短日照作物，日照时数对低产区（吉首、永州、常德、岳阳、益阳）稻谷气候产量有显著正效应。稻谷开花期和乳熟后期的阴雨天气增加将会导致稻谷空秕率增加，产量下降，因此降水对低产区稻谷气候产量有显著负效应（冯琳等，2019）。

在应对气候变化所采取适应性调整措施情况下，水稻对气候变化的响应较不考虑适应性措施前出现明显变化。对福建省水稻生产的影响评价中，考虑适应性调整后，水稻模拟总产都有不同程度提高。单季稻模拟总产增产幅度最大。在 RCP4.5 情景下，由不考虑适应性措施时的减产转为增产。此外，在各双季稻区，晚稻总产增幅较早稻大。具体地，考虑适应性调整后，在 RCP4.5 与 RCP8.5 情景下模拟出的全省总产较不考虑适应性调整时增幅分别达到了 8.6% 和 7.5%。其中，闽东南双季稻区早稻的模拟产量较未作适应性调整分别增加 1.6% 和 1.9%。晚稻的模拟产量依次增加 13.5% 和 9.8%。闽西北双季稻区早稻的模拟产量依次提高 1.4% 和 1.0%。晚稻的模拟产量依次提高 11.5% 和 7.9%。闽西北山地单季稻区一季稻的模拟产量分别增加 14.1% 和 13.7%。在综合考虑两种适应性措施后，福建省各稻区总产也较当前明显提高，在 RCP4.5 和 RCP8.5 两种情景下，分别提高 9.3% 和 10.5%（周桐宇等，2018）。

（二）小麦

中国是世界上最早种植小麦的国家。小麦在中国几乎全作食用，仅有约六分之一用作饲料使用。除湖南、江西、福建、广东、广西、海南等省以外，小麦在中国其他地区均有大面积种植。中国以冬小麦种植为主，播种面积占小麦总种植面积的 90% 以上。一般以长城为界，以北（蒙、黑、新、甘、青、宁六省份）大体为春小麦，以南则为冬小麦。

　　小麦对气候变化的适应能力较强。通过对 1978～2012 年全国 25 个省市的实证研究发现，小麦产量对积温变化不显著，对降水的一次项和二次项都比较显著，呈倒 U 型关系，但结果并不稳健，易受模型设定影响。就全国总体而言，气候变化对小麦亩产的影响很小。分区域来看，积温上升对华中地区的小麦产量不利，但对西南地区的小麦亩产有利。降水主要以不利影响为主，除对华北地区小麦亩产有利外，对西北、华东、华中、华南地区小麦产量为不利影响（何为等，2015）。中国小麦主产区自 1978 年以来年均气温上升了 1.57℃。气温升高对中国小麦产量有着显著的不利影响，估算气候变化给中国小麦产量带来大约 2.49% 的不利影响（吴昊等，2015）。

　　基于作物生长模型的模拟研究认为，陕甘宁农区 1961～2010 年间干旱发生频率上升，强度增强，尤其是重度干旱月份出现明显增长趋势，严重影响小麦作物的生长发育，导致产量显著下降。近 50 年来，冬小麦种植地区北部作物减产量均大于 1.0 吨/公顷。甘肃中部、宁夏大部分春小麦种植区作物减产幅度大于 0.8 吨/公顷（刘明等，2015）。云贵川渝四省市 1961～2010 年 36% 的站点冬小麦生长季总辐射显著降低。68% 的站点生长季≥0 摄氏度有效积温显著增加。30% 的站点生长季平均气温日较差显著减小。全区生长季总降水大面积减少，由此导致模拟的冬小麦潜在产量在 65% 的站点呈显著减产趋势。雨养产量在 25% 的站点显著降低。整体上，辐射和温度的影响最大。减产显著的站点中，生长季辐射降低、温度升高对潜在产量降低的贡献率分别为 45% 和 36%，对雨养产量降低的贡献率分别为 36% 和 39%，而降水减少对雨养产量降低的贡献率为 7%。气温日较差的降低对冬小麦潜在和雨养产量的影响分别表现为负作用和正作用（戴彤等，2016）。

　　未来气候变化对中国小麦产量的影响存在一定不确定性，但以负面影响为主。在 A2 和 B2 两种主流气候情景下，预测的小麦产量减产幅度较其他气候情景分别高 18% 和 20%。对 1961～2013 年河南省冬小麦的研究发现，在此期间，冬小麦生育期内日照时数减少，导致该省冬小麦光合生产潜力下降，而温度的升高促进了冬小麦光温生产潜力的提高，两相抵消的结果为气候生产潜力基本不变（王连喜等，2018）。长江中下游地区一定范围内冬小麦产量随积温的增加逐渐增加，超过一定阈值时则逐渐减少。若积温、降雨量水平类似的情况下，太阳总辐射量较基准年降低幅度减小。冬小麦的产量变化幅度也随之减小，表明气候因子增加或减少并不能弥补积温过低产生的负效应。积温水平一致的情况下，产量降低幅度随太阳总辐射量减少幅度的增加而逐渐减小。未来典型浓度路径（RCP）情景下冬小麦潜在产量均呈现出下降趋势，下降幅度表现为 RCP2.6＞RCP8.5＞RCP4.5（刘文茹等，2018）。但是对华北平原地区的研究结果相反，在气候变化 A2、B2 情景下，冬小麦生育期呈缩短趋势，耗水量呈减少趋势，产量呈增加趋势。总体来说，冬小麦在未来气候变化下受到的影响较小（肖薇薇等，2016）。

（三）玉米

玉米是重要的粮食作物和饲料作物，也是全世界总产量最高的农作物，其种植面积和总产量仅次于水稻和小麦。由于其对气候条件的适应性较强，玉米在全国种植范围较广，除上海、浙江、江西、福建、青海、西藏和海南七省份有零星分布以外，其余省份均有大面积种植。大致以黄淮海地区北界区为分界，界区以北（涵盖黑、吉、辽、蒙、晋、宁、甘、新八省份）为春玉米种植区，界区以南（其余省份）为夏玉米种植区。

就全国而言，气候变化对玉米亩产影响很小，表现在玉米产量对积温的影响并不显著，对降水的一次项和二次项都比较显著，呈倒 U 型关系，结果比较稳健。降水每减少 1 个百分点，玉米亩产产量平均减少 0.084～0.114 个百分点（何为等，2015）。1978～2012 年由于中国玉米主要产区年均降水量增加了 71.27 毫米，气温上升了 1.54 摄氏度，日照时间减少了 174.02 小时。综合来看，气候变化给中国玉米产量带来 3.47%的不利影响（吴昊等，2015）。区域层面的实证结果略有差异。以湖南省为例，气温、降水和日照对高产区

（湘潭、娄底、长沙、株洲）玉米气候产量的影响不显著，但日照时数对于中产区（邵阳、郴州、张家界、怀化、衡阳）和低产区（吉首、永州、常德、岳阳、益阳）玉米气候产量有显著正效应。1980～2016 年间，湖南省气候变化导致玉米单产以 0.122 吨/公顷/年的速率提高（冯琳等，2019）。山西省玉米单产温度上升有负面响应，但对降水的影响不敏感（杨军等，2018）。陇东地区玉米产量随降水量的增加而增高，随气温升高先增高后降低（杨轩等，2016）。对寿阳县的研究表明，气候变暖有利于提高玉米产量，但同时面临的春旱、夏旱、暴雨、冰雹等极端气候事件，以及秋季初霜冻等农业气象灾害和病虫害的威胁，将导致玉米产量下降（杨红雁等，2018）。

从不同气候变化情景下对玉米产量的模拟来看，未来气候变化趋势总体上将对玉米产量产生负面影响。例如，RCP8.5 气候情景下，温度升高和生育期有效降水减少并存。气温升幅过大和降水减少两方面都对玉米单产有明显负面影响（王玉宝等，2018）。但是不同地区气候变化对玉米产量的影响存在一定的差异性。并且，未来中国各省区玉米减产的主要原因是气温升高，仅个别省份减产与降水量减少有关。在 A2 气候变化情景下，中国玉米减产幅度最大的地区为东北，为 2.3%～4.2%。西北、西南和长江中下游地区在 2031 年以后减产幅度也较大；B2 气候变化情景下，东北地区在 2031～2040 年减产幅度最大，达 5.3%，其余仍以西南和西北地区减产幅度较大。两种情景下，华北地区减产幅度均较小，一般在 2.0%以内，而华南地区几乎不变（马玉平等，2015）。北方八省份春玉米种植地区温度升高和潜在蒸散增加将会引起玉米产量显著下降（赵俊芳等，2018）。在 Had CM3 气候模式 A2、B2 情景下，华北平原区日均温明显升高。夏玉米生育期缩短，产量下降。若将中熟玉米品种调整为晚熟品种后，夏玉米的生育期将延长，耗水量将增加，产量将与现在相差不大（肖薇薇等，2016）。西南地区的春玉米雨养产量在全区 46%的研究站点中呈显著降低趋势（P＜0.05），尤其东部地区和南部地区最显著。减产显著的站点中，生长季温度升高、辐射降低、降水减少对减产的贡献率最大（戴彤等，2016）。

三、对经济作物产量的影响

（一）大豆

大豆是世界及中国重要的粮食和油料作物之一。未来气候变化背景下大豆的变化将会影响全球粮油安全。河南省位于黄淮海夏大豆产区的腹地。大豆面积和产量常年位于全国前列。对河南省 1993～2013 年气候变化与大豆产量的研究表明，大豆气象产量总体上呈减少趋势。大豆气象产量对降水量、平均气温单位变化的敏感性相对较大。降水量对河南北部、中部地区大豆的气象产量影响较显著。降水量增加对北部地区大豆产量有利。日照时数对大豆产量的影响较小，仅中部地区有一定的影响。平均气温对大豆产量的影响不明显。气温升高对南部和中部地区的大豆产量有利，对北部地区不利。积温增加对大豆实际产量的增加作用较为明显，但对中部地区的气象产量有一定减少作用（李香颜等，2017）。但是，对湖南省大豆产量的研究表明，气温、降水量和日照量对大豆的气候产量没有显著性影响。1980～2016 年间，湖南省大豆经历了 11 个气候丰年和 4 个气候歉年。总体上大豆的气候产量变化幅度较小（冯琳等，2019）。

对内蒙古大兴安岭东部地区的研究也表明，影响大豆气象产量的主要气象因子的关联序为：大于 10 摄氏度活动积温＞大于 2 摄氏度的无霜期＞5～9 月降水量＞大于 20 摄氏度活动积温＞日平均气温大于 20 摄氏度持续天数。温度对大豆播种—出苗—分枝、鼓粒后期—成熟阶段生长发育的影响为负效应，对分枝—开花—结荚—鼓粒阶段均为正效应；降水对大豆播种—开花—成熟中后期的影响为正效应。大豆结荚后至成熟初期，降水对其生长发育为负效应（王彦平等，2016）。

（二）棉花

棉花是中国重要的经济作物，其种植面积居中国经济作物之首，同时棉花也是一种喜温喜光作物，其产量形成与气象条件有十分紧密的联系。对全国九个棉花主产省份 1988～2015 年的研究表明，气候变化能够显著影响中国棉花产量：日照时间、降水量对中国棉花产量有显著负向影响；积温显著正向影响中国棉花产量。但这一结果存在区域性差异，其中积温增加不利于西北内陆棉区和长江中下游棉区棉花增产，有利于黄河中下游棉区棉花增产；降水量负向影响三大棉区棉花产量，长江中下游棉区通过显著性检验；日照时间正向影响黄河中下游、西北内陆棉区棉花增产，显著负向影响长江中下游棉区棉花产量（王太祥等，2018）。

气象因素对棉花产量构成因子有不同程度的影响：对单株成铃和皮棉产量的影响较大，对铃重和衣分的影响较小。温度是影响棉花产量构成的重要气象因素，其次是降水量。月平均气温对棉花单株成铃和皮棉产量均有较大影响。6 月平均气温越高单株成铃越多、皮棉产量越高；7～8 月≥20 摄氏度活动积温越高单株成铃越少、皮棉产量越低；9 月平均气温越高单株成铃越多、皮棉产量越高；全生育期≥20 摄氏度活动积温越高单株成铃越多、皮棉产量越高。月降水量对棉花单株成铃有较大影响，其中 7 月降水量越多单株成铃越少（李慧琴等，2018）。

对新疆巴楚和喀什地区历年（1961～2013 年）逐年平均气温、年总降水量与县亩平均产量的相关分析发现，年平均气温、年总降水量与棉花产量总体呈正相关，但后者不显著。近 30 年巴楚县棉花生长期气温升高，≥10 摄氏度、≥20 摄氏度界限温度初日提前、终日推后、积温增加及无霜期延长。棉花各发育期均表现出不同程度的提前趋势，其中现蕾期的提前趋势最明显，棉花停止生长期呈延迟趋势。总体来说，热量条件的改善对促进棉花生产具有积极意义（郝宏飞等，2015；阿布都克日木·阿巴司等，2015）。

（三）马铃薯

马铃薯在农业生产中占据着重要地位，也是中国最有发展前景的高产作物之一。2018 年，中国马铃薯种植面积达 5.6×10^6 公顷，年产量为 1.9×10^7 吨，居世界前列。气候变化对马铃薯产量的影响也呈负面效应。以宁夏南部山区研究为例，马铃薯是该地的主栽作物之一，也是主要的经济作物之一。

近 55 年来，在马铃薯生育期内宁夏南部山区气温显著升高，不利于未来马铃薯产业的发展。8 月中旬的旬平均气温、7 月下旬的旬平均最高气温、7 月上旬的旬平均最低气温以及 7 月的月平均最高气温是产量的限制因子，均与马铃薯气象产量呈显著负相关。7 月中旬是马铃薯需水的关键期，此时的降水量与气象产量关系密切。宁夏南部山区的马铃薯从 5 月下旬到 8 月下旬均处于水分亏缺状态，对产量造成减产（亢艳莉等，2017）。

基于西北典型半干旱区马铃薯定位观测试验的研究结果表明,1957～2015 年间（59 年），西北半干旱区的气温显著上升，降水量显著下降。马铃薯产量与苗期（6 月）气温呈显著负相关（P＜0.01）,与块茎膨大期（8 月）气温也呈负相关（P＜0.10）。6～8 月气温每升高 1℃，马铃薯产量下降 4 391.39～6 798.46 千克/公顷。产量与生育期≥0 摄氏度积温呈显著负相关（P＜0.05），与苗期降水量呈正相关（P＜0.10），与 9 月中旬日照时数呈显著正相关（P＜0.01），与生育期干燥指数呈显著负相关（P＜0.05）。因此，气候变暖对西北半干旱地区马铃薯产量形成了负面影响（姚玉璧等，2016）。

第二节　气候变化对粮食贸易的影响

中国第三次《气候变化国家评估报告》详细评估了气候变化对中国农业与粮食安全的影响，认为气候变化将对中国粮食生产的稳定性和农业可持续发展带来巨大挑战。实际上，气候变化不仅造成全球农业生产的水、热组合变化，而且促使不同国家、地区土地生产率相对优势变化，进而引发农业贸易量增长。除扩大农业用地面积和提高作物产量外，粮食贸易是人类为满足不断增长的营养需求而采用的又一重要机制（Porfirio et al., 2018）。本节介绍了气候变化与粮食贸易的双向关系，展示了未来气候变化对中国粮食贸易的影响。总体看来，气候变化影响中国粮食供需平衡、进出口贸易以及要素投入的全球流动。国内粮食市场在减缓气候变化影响方面将发挥重要作用。粮食价格与进口量将受到气候变化的严重影响。

一、气候变化与粮食贸易的双向关系

（一）粮食贸易对气候变化的影响

为突破水资源、土地资源对粮食生产的限制，满足人们日益增长的粮食需求，中国自 1990 年开始依赖国际市场确保食物供给（Ali et al., 2017）。根据比较优势，中国进口土地密集型农产品（如谷物、大豆、食用油和糖），出口劳动密集型农产品（如蔬菜、水果和加工品）（张雄智等，2017）。粮食贸易产生直接与隐含碳排放，进而影响气候变化。粮食贸易的直接碳排放主要来源于农产品运输过程（Cristea et al., 2013），包括交通排放以及出口国家与进口国家碳排放差值。它反映了通过特殊贸易联系造成全球碳排放的增加或减少。

粮食贸易的隐含碳常称之为基于消费端的排放。在中国 15 个部门的国际贸易中，农业和食品制造业的隐含碳排放强度最低（Liu et al.,2017）。但是，2002～2011 年间中国大陆 31 个省（市、区）的农产品出口、进口隐含碳排放均处于增长态势，并自 2003 年开始成为农产品碳排放出口国（丁玉梅等，2017）。

从粮食生产、加工、消费、废弃物管理及循环的生命周期视角看（刘立涛等，2018），粮食生产过程的灌溉、施肥也会产生大量隐含碳排放。灌溉是中国粮食产量持续增加的最重要保证之一。中国大陆各省份灌溉对粮食产量影响的弹性系数差异较大，且影响强度在增强。最近的水文模拟和地球观测表明全球地下水消耗的速度惊人（Dalin *et al.*, 2017）。地下水位下降引起的灌溉造成温室气体增加，如华北平原灌溉抽水的能量使用率增加了近22%，进而造成温室气体排放量增长42%（Cremades *et al.*, 2016; Qiu *et al.*, 2018）。中国的化肥原料投入主要来自煤炭，这使得化肥行业的碳排放量远远高于用天然气或石油生产肥料的国家。如中国1千克化肥生产的碳足迹为13.5千克CO_2-e，而欧洲为 9.7 千克 CO_2-e。另外，粮食消费过程的隐含碳排放也不容忽视（Ritchie *et al.*,2018）。中国平均每人每年浪费（消耗）16（415）千克食物，相当于排放了 40（1080）千克CO_2-e（Song *et al.*, 2015）。

（二）气候变化对粮食市场的影响

农业是最易遭受气候变化影响、最脆弱的产业。全球气候变化主要通过温度、降水、极端天气（如洪水、冰雹、干旱等）引起农业资源分布的不均衡性、粮食增产的不稳定性、粮食生产的高风险性以及粮食安全的不确定性增加（吴绍洪等，2017；刘立涛等，2018；张玉周，2018），从而引起食物价格、粮食市场和粮食贸易等的变化。

1. 气候变化影响中国的粮食供需平衡

中国粮食供需空间分布呈现西缺粮东余粮、南缺粮北余粮的特点（肖玉等，2017）。高缺粮区主要集中在京津冀、长江三角洲、珠江三角洲三大经济发展区周围；高、中余粮区主要集中在松嫩平原、辽东低山丘陵、河套灌区、内蒙古东部以及天山山地和南疆部分地区（胡甜等，2016）。粮食生产日渐向优势区域集中。主销区的粮食消费日益依赖主产区的粮食调运（王帅等，2019）。气温升高造成种植界限北移东扩，作物适宜种植地区向高纬度高海拔扩展，且增加了晚熟农作物的种植面积，改变了区域农作物的种植结构（谢立勇等，2014）。喜温作物和越冬作物以及冷凉气候区的作物种植面积迅速扩大。在旱作区种植不够耐旱的玉米、春小麦等作物受到制约（邓振镛等，2010）。其中玉米生产重心向北偏移；薯类和大豆生产重心向南偏移（孟立慧，2018）。

水稻生产出现区域性向北迁移。传统南方稻作区水稻播种面积减少较多，北方尤其是东北地区的水稻播种面积呈现明显增加趋势。东北地区已成为全国重要的水稻种植基地和稻谷净流出地区（郭金花等，2018）。

小麦生产重心呈现自北向南再向东转移的趋势，生产布局由分散逐渐变集中，主要集中于中部、黄淮海地区（郝晓燕等，2018），且黄淮海地区在15个小麦主产区中生产效率最高。然而，1980～2010年的气候变暖引起黄淮海农业区雨养小麦全面减产，且黄淮海西部地区减产的幅度大于东部地区（彭俊杰，2017）

大豆种植地理分布重心一直处在中国的偏东北方向，从移动方向来看，重心分别在向东北、西南方向周期性徘徊变动。东北地区大豆种植专业化水平和集聚程度直接决定了全国大豆种植集聚与专业化生产的格局。自然禀赋决定了农作物最初的集聚格局（李二玲等，2016）。

粮食生产和粮食消费的空间匹配性在不断下降。空间布局和粮食利益矛盾进一步加深，区域利益矛盾激化，给新时期粮食储备、粮食调配、粮食多样化供给等方面带来挑战（何友等，2008）。

2. 气候变化影响中国的粮食进出口贸易

气候对未来粮食供应的影响强烈表明贸易的作用在增强，并且从中高纬度地区扩展到低纬度地区。

目前玉米、小麦和稻米是世界上主要的粮食作物品种。小米、杂粮和高粱等增长乏力；燕麦和黑麦等出现减产。中国既是全球最主要的粮食产地，也是最主要的粮食消费地与输入地，主要输入作物由小麦转为其他类作物，输入结构多样化（张进等，2018）。

中国小麦对外依赖度逐渐下降，进口量占消费量的比重由 1987 年的

16.5%下降至 2016 年的 3.5%，其中美国、澳大利亚、加拿大一直是中国小麦进口的主要国家。中国稻谷由对外出口转变至对外进口，但进口比重较小，2016 年仅为 1.88%。出口格局的重心由西非、中—东欧移至东亚地区（FAO，2017）。

中国玉米与大豆进口严重依赖美洲的一些国家。1987 年中国玉米进口主要依赖美国，进口量占总进口量的比重为 79.5%。到 2016 年，中国玉米进口格局呈美国（37.5%）、乌克兰（35.9%）、巴西（22.7%）三足鼎立之势。1987 年美国几乎垄断中国大豆进口市场，占大豆进口量高达 97.4%。到 2016 年，中国大豆进口同时依赖巴西（45.3%）与美国（41.03%）（FAO，2017）。

1987 年中国主要四种粮食作物进口市场网络很不健全，处于严重畸形状态。粮食贸易的风险为美国大豆进口＞美国玉米进口＞泰国稻米进口。至 2016 年，中国四种主要粮食作物外部供应网络结构显著改善。1/2 线右侧的风险点全部退出危险区。粮食进口市场链断风险减小。然而，隐患区的潜在风险点数却在增加，按隐患程度高低依次排序为巴西大豆进口＞越南稻米进口＞美国大豆进口＞美国小麦进口＞美国玉米进口。中国四种主要粮食作物进口市场仍需进一步完善（吕梦轲等，2020）。

3. 气候变化影响粮食生产要素投入的全球流动与贸易

面对气候变化，世界上许多区域将遭受日益频繁和严重的干旱。这将使农业中水资源的使用更加紧张，并可能导致作物歉收（Field *et al*., 2012）。然而，其他地区水资源丰富、农业繁荣，可能从全球气候变化中受益，促使作物产量增加（Parry *et al*., 2007）。因此，在提高农业用水效率的不同策略中（例如机械化、节水灌溉、肥料），水密集型贸易或虚拟水，是一种通过将水资源从更多的地区转移到水资源较少的地区的提高全球和区域用水效率的方法。由于国际贸易关系导致的全球节水量表示出口商实际消费的水量与进口商在国内生产食品时消费量之间的差异。已有研究得出的结论是，从贸易中拯救了大量的水资源，包括灌溉用水。达林等人（2012）强调，基于现有的节水联系，特别是中国与其主要大豆贸易伙伴（巴西、阿根廷和美国）。中国粮食贸易量显著增长可以带来非常大的节水量。详细研究中国虚拟水贸易的空间（达林等，2014，2015），可进一步发现大部分农业节水是由于进口国外农产品所致。

二、气候变化对中国粮食贸易的影响

（一）模型简介

近几十年来，随着人口增长和收入增加，农业贸易量持续攀升。这种贸易的地理分布有利于某些发展中国家。气候变化未来可能会对全球土地生产力产生影响，从而改变一个地区土地的相对生产力（Nelson *et al.*，2014）。气候变化可以通过其对生产、运输和分销链变化引起的国家比较和竞争优势的影响来改变国际农产品贸易的数量和模式（WTO-UNEP，2009）。因此，虽然预计国际贸易的社会经济驱动因素仍然很重要，但气候变化也可能改变未来的国际竞争力和农产品贸易格局。许多研究表明贸易可以促进农业和食品部门"适应"气候变化，即气候变化导致农业生产比较优势的变化，利用这些变化将引发贸易流量的变化。因而，贸易流动的变化是对气候变化的内生反应或适应。在这种建模思路的影响下，全球出现了大量的模拟模型。

由于潜在的模型结构和数据库基准年的差异，以及经济、人口和技术假设差异，模型预测的各种情景存在差异。为了研究经济模型如何应对社会经济和气候（以及生物能源）的冲击，阐释不同社会经济和气候情景下预测的未来农产品贸易的关键趋势和模式，农业模式比对和改进项目（AgMIP）汇集了来自世界各地的气候建模者、作物建模者和全球经济建模者，并提供了一个论坛用于比较和更好地理解选定的社会经济与气候情景下的模型结果。总体上，这些全球经济模型组合包括农业和粮食商品的局部均衡（Partial Equilibrium, PE）模型与全球一般均衡（General Equilibrium, GE）模型（von

Lamp *et al.*，2014）。

　　农业贸易预测取决于模型中贸易的特征，由模型中规定的供需响应来体现。各地区应对气候变化的生产力、土地利用变化和变化的能力投入组合，以及价格和收入变化如何影响消费影响模型中的供需关系与贸易特征。局部与一般均衡的国际贸易模型（即 PE 和 GE 模型）之间以及每个模型之间存在显著差异（表 2–1）。

表 2–1　局部均衡与一般均衡模型

模型类别	模型名称	来源
局部均衡模型（PE）	全球变化评估模型（Global Change Assessment Model, GCAM）	Wise *et al.*, 2011
	全球生物圈管理模型（Global Biosphere Management Model, GLOBIOM）	Havlik *et al.*, 2013
	国际农产品和贸易政策分析的模型（International Model for Policy Analysis of Agricultural Commodities and Trade, IMPACT）	Robinson *et al.*, 2012
	农业生产及其环境影响模型（Model of Agricultural Production and its Impact on the Impact on the Environment, MAgPIE）	Lotze-Campen *et al.*, 2010
一般均衡模型（GE）	亚太综合模型（Asia-Pacific Integrated Model, AIM）	Fujimori *et al.*, 2017
	环境影响和可持续应用一般均衡模型（Environmental Impact and Sustainability Applied General Equilibrium Model, ENVISAGE）	van der Mensbrugghe, 2013
	预测和政策分析（Emissions Prediction and Policy Analysis Model, EPPA）	Henry Chen, 2017
	全球贸易与环境模型（Global Trade and Environmental Model, GTEM）	Ahammad *et al.*, 2005

（二）一般均衡模型

一般均衡模型都使用阿明顿方法对国际贸易进行建模（Fujimori *et al.*, 2017；van der Mensbrugghe, 2013；Chen, 2017；Ahammad *et al.*, 2005）。该方法将国内生产的商品与其他国家生产的可比商品区分开来，允许双向贸易流动，从而防止在可计算一般均衡（Computable General Equilibrium, CGE）模型中可能发生的过度专业化问题（Cai *et al.*, 2016；涂涛涛等, 2017），同时还赋予每个开放经济体市场力量。

这些模型中规定双向交易流量可以通过两级嵌套常数替代弹性（Coustant Elasticity of Substitution, CES）函数来表示两级预算和决策过程。第一级区分进口和国内生产的商品；第二级区分来自各个国家、地区的进口。每个模型代理采用相同的阿明顿偏好结构。家庭、政府和生产者根据相同的两级预算和决策过程选择国内生产或进口的商品。一个经济体中每种商品的进口总需求量是所有模型代理商的进口总量。所有模型区域之间的双边贸易通过 CES 函数确定。所有地区的出口总额等于所有地区的进口总额。

"阿明顿"列出了决定弹性规模的特征，包括贸易的商品构成（即商品类别中的同质性水平）、贸易限制的程度和性质、长期合同的重要性和忠诚度。该地区的规模和多样性也会影响弹性。例如，大区域与单个国家区域的弹性可能不同。阿明顿弹性是全球贸易分析项目（Global Trade Analysis Project, GTAP）数据库最成熟的估计之一（邱俊杰等, 2015）。大多数模型使用 GTAP 数据库作为其阿明顿弹性估计的起点。最新的 GTAP 数据库在进口和国内生产的商品之间具有阿明顿弹性。其范围在 1.3～4.5 之间，具体取决于商品类中的同质性水平。例如，小麦的弹性大约是"其他粗粮"商品类别的三倍。

在标准 GTAP 数据库中，假设所有区域的弹性都相同。然而，鉴于不同地区的商品类别存在差异，该类别"其他粗粮"商品类别的给定弹性值将表示不同地区玉米不同程度的可替代性。具体值取决于玉米的份额。

通过将国内生产的商品和其他经济体生产的可比商品视为异质，阿明顿对国际贸易建模的方法赋予每个开放经济一些市场力量。换句话说，这种方法允许在情景模拟下发生经济的国际贸易条件的变化。此外，所有全球 GE 模型都规定了汇率。通过选择特定的价格指数，例如，国内生产总值（Gross Domestic Product, GDP）作为随后的数据，模型模拟将产生实际汇率的变化。与局部均衡模型建模相比，国际贸易条件和实际汇率的变化是一般均衡模型运作机制的特征。这些机制可能对贸易流动起主导作用。

（三）局部均衡模型

四种模型假设商品是同质的，无论世界在哪里生产和消费（Wise *et al.*,2011; Havlik *et al.*, 2013; Robinson *et al.*, 2012；Lotze-Campen *et al.*, 2010）。每种商品都有单一的世界市场，并且消费者喜欢国内生产的商品而不是进口商品。在建模方面，这些模型按地区指定净贸易，而不是双向贸易流。在局部均衡模型中，贸易计算为区域生产和消费的残差。

商品的世界价格是平衡机制，因此当模型中引入外生冲击时，价格将进行调整。每次调整都会传递给每个地区的消费者和生产者价格。生产者和消费者价格与运输和其他利润以及补贴等价物不同。国内价格的变化随后会影响商品的供需，进而影响需求。这一过程需要进行反复调整，直到世界供需平衡为止。设定世界价格以确保全球净交易等于零，代表市场清算条件。因此，这些模型净贸易的预测与需求和供应函数直接相关。而进口和出口分别与一般均衡模型中的需求和供应函数相关联。

（四）未来气候变化对粮食贸易的影响

1. 气候变化对未来中国农业市场的影响

气候变化将对中国未来不同品种的粮食生产产生影响。国内粮食市场在减缓气候变化影响方面发挥了重要作用。当气候变化影响农作物生产时，农民通过灌溉、除草、采用抗旱品种等田间管理手段，一定程度上减少了气候变化造成的生产损失。若不考虑市场调节机制，在 RCP8.5 情景下，2050年小麦将比 2012 年减产 9.39%。若考虑国内粮食市场的作用，在 RCP2.6 和 RCP8.5 情景下，到 2050 年小麦预计分别减产 1.61%和 4.28%。（Xie *et al.*,2018）。

在 RCP8.5 情景下，到 2050 年玉米产量比 2012 年增加 0.31%，但玉米生产预计将减少 0.64%。这主要是因为大米和小麦是国内生产的主粮，比玉米受到更严重的气候变化影响。考虑到水稻和小麦的重要性，农民们将不仅通过改善田间管理来提高产量，而且通过减少玉米等作物的农业投入（如土地和劳动力）来增加产量。因而造成气候变化对玉米产量的积极影响将被土地和劳动力投入的下降所抵消，甚至导致玉米产量下降。

在 RCP8.5 情景下，到 2050 年气候变化对大豆和油料作物的产量都有轻微的正影响。与玉米相似，作物间的替代效应会抵消气候变化带来的大豆和油料作物的小幅增产。此外，到 2050 年，棉花生产将从气候变化中受益。在 RCP2.6 和 RCP8.5 情景下，棉花产量分别增长 0.74%和 3.57%。尽管棉花生产过程中的农业投入也会被小麦、水稻生产替代，但依然存在相对较低的利润，因而棉花生产在两种情景下将增加 1.74%和 4.24%（Xie *et al.*,2018）。

若考虑国际贸易，气候变化对中国农业的负面影响将会进一步减少。在 RCP8.5 情景下，只考虑国内市场时，2050 年的大豆产量将比 2012 年下降 1.47%。而同时考虑国内与国际市场时，大豆产量将显著增加 16.75%。这主要是因为气候变化造成巴西、阿根廷、美国等主要大豆出口国的产量大幅下降。中国农民种植大豆的积极性提高，进而造成大豆产量提高。同样，考虑国际贸易，RCP8.5 情景下到 2050 年玉米生产会增加 1.93%（Xie *et al.*,2018）。

2. 气候变化对未来中国农产品价格的影响

在 RCP2.6 和 RCP8.5 情景下，到 2030 年和 2050 年受气候变化不利影响，除棉花外，农作物的国内价格均将上涨。大米、小麦和糖的本地价格将以最高幅度上涨，以应对气候变化导致的单产下降。小麦的价格涨幅最大，到 2050 年，在 RCP2.6 和 RCP8.5 情景下，小麦价格将比 2012 年分别上涨 6.83% 和 15.47%；大米的价格将分别上涨 2.92% 和 4.55%；棉花的价格将分别上涨 0.58% 和 0.77%；玉米的国内价格将有小幅上涨（Xie et al., 2018）。

若考虑国际贸易，所有作物的国内价格将上涨更多。因为气候变化不仅对中国的农作物价格产生重大影响，而且对其他国家的农作物价格也产生重大影响。受中国主要贸易伙伴作物减产影响，小麦和大豆的涨幅最大。在 RCP2.6 和 RCP8.5 情景下，到 2030 年和 2050 年国内小麦价格将比 2012 年分别上涨 7.17% 和 22.91%；大豆价格分别上涨 6.73% 和 30.27%（Xie et al., 2018）。

3. 气候变化对未来中国农业贸易和自给自足的影响

气候变化对作物产量的冲击会影响粮食贸易。水稻和小麦在 2030 年和 2050 年将增加净进口量。预计小麦净进口量的增加幅度最大。在 RCP2.6 和 RCP8.5 情景下，2050 年分别比 2012 年增加 20.33% 和 56.81%。虽然增幅很大，但进口小麦在国内小麦总需求中所占总量不大，所占比例很小。其他作物，包括棉花、油料和大豆的净进口量将略有减少，因为中国的单产将略有增加（Xie et al., 2018）。

气候变化造成几个主要生产国的作物减产，全球农作物价格也将上涨。如果全球农作物价格涨幅超过中国农作物价格涨幅，中国将不可避免地减少其农作物净进口。若考虑国际贸易，在 RCP8.5 情景下，到 2050 年中国的小麦净进口将比 2012 年增长 30.87%，小于不考虑国际贸易的结果（56.81%）。与小麦相似，其他作物若考虑国际贸易，其净进口也有所降低（Xie et al., 2018）。

尽管气候变化会威胁到中国许多农产品的自给自足，但考虑到其他国家的气候冲击，农作物的自给率将会提高。若不考虑国家贸易，与 2012 年相比，2050 年小麦的自给率在 RCP2.6 与 RCP8.5 情景下分别降低 0.48% 和 1.37%；若考虑国际贸易，2050 年小麦的自给率在两种情景下分别降低 1% 和 0.78%。

在 RCP8.5 情景下，不考虑国际贸易，大米、玉米、大豆的自给率分别比 2012 年下降 0.21%、0.46%、0.21%；若考虑国际贸易，三种作物的自给率分别提高 0.23%、0.71% 和 4.02%（Xie *et al.*，2018）。

三、粮食贸易适应气候变化的宏观对策

（一）积极倡导气候智慧型农业发展

气候智慧型农业是一种在气候变化背景下指导农业系统改革和调整的方法（管大海等，2017；张蛟龙，2018），用来有效支持农业可持续发展和保障粮食安全。气候智慧型农业主要有三个目标：一是地方政府可以利用气候变化趋势的近期数据和短期预测信息来评估当地具体气候变化条件，通过改变种植时间、采用耐热抗旱品种、培育新品种；二是改变种养结构、发展保护性农业（少免耕、覆盖和轮作）、推广节水灌溉技术和农林复合种植模式；三是将气候预测与种植计划有机结合、提高区域农业多样性、向非农生计来源转移等措施，实现减少或消除温室气体排放，提高农业适应气候变化能力，可持续地增加农业生产力和农民收入。

（二）加强金砖国家粮食安全合作

金砖国家粮食生产互补性高，有利于中国优化农产品贸易格局，强化农产品加工、储运、贸易等全产业链环节，以及海外农业投资合作（王一杰等，2018）。具体而言，巴西农业较为发达，是世界上包括豆类、甘蔗、糖类、肉类、咖啡等粮食出口中的主要国家之一。由于国际大宗商品繁荣周期结束，加上国内政治不稳定、经济增长急速放缓，急需金砖国家的消费市场。俄罗斯已成为全球小麦等谷物粮食贸易中的重要出口国。在面临西方制裁的情况下，与金砖国家合作诉求强烈。南非农业比较发达，现代化程度高，受气候变化影响较大，对粮食安全的影响和农业适应气候变化较为关注，对加强相

关科技合作比较积极。因此，在金砖国家粮食安全合作中对于降低气候变化加强粮食安全合作，有利于中国优化资源配置、提高市场掌控能力以及提升农业企业竞争力。

（三）加强国内粮食省际流通，完善虚拟水补偿机制。

中国省际间粮食贸易的虚拟水流动格局在全国范围内共节约了152.96亿立方米的水资源，占总的虚拟水流动量的15.79%，表面上促进了水资源的节约与合理利用。但是这些水资源节约量主要是水资源缺乏地区的北方地区流向水资源丰富的南方地区。广大水资源丰富的南方地区水资源利用效率低下。节约量相比于水资源效率低下造成的水资源浪费量而言微不足道（张正斌等，2018）。以虚拟水流出地区牺牲高附加值的工业而发展农业生产带来的，出于地区均衡可持续的发展考虑，需探索虚拟水补偿机制，以虚拟水出口较多的地区如东北、黄淮海地区为水资源补偿受益方，将虚拟水进口较多的地区如华南、东南地区作为补偿主体。补偿方式可为实体水补偿、其他产品虚拟水补偿、经济补偿，补偿方式多元化。

第三节　气候变化对粮食安全其他影响

气候变化对农业的影响主要包括作物物候变化、耕作制度与区域的迁移、作物产量与碳吸收变化以及农业病虫害等。全面了解气候变化对中国农业生产的影响及适应机制的研究是调整农业管理措施、保障和提高作物生产能力的前提。本节分别从农业敏感性与脆弱性、种植制度与种植地区、作物产量和品质、气象灾害的影响和与其他系统的关联性四个方面评估了气候变化对农业的影响。总体来看，虽然高纬度部分地区气温的升高有利于作物生长，但也会加重水资源的压力。气候变化对农业生产的正负面影响并存，但总体来看可能是弊大于利的。

一、农业气候敏感性与脆弱性评价

气候变化对人类生活的方方面面产生了重大影响。人们的生产生活无时无刻不遭受着气候变化的影响（Burke *et al.*，2015；Moore *et al.*，2015）。农业活动与气候变化关系密切。农业是对气候变化最为敏感的领域之一。气候的波动会对农业生产及其相关过程带来不同方向和层面的影响。中国耕地广布，各主要农区之间气候差异显著。全球变暖和气候变化直接导致农区水热资源的波动变化。同时，气候变化会导致中国农业生产活动的场所，其中包括土壤有机质含量和土壤肥力的变化与耕地的占用。

对于中国，有迹象表明，全球变暖背景下农业气候资源发生了相应变化。在热量达到植被光合作用最适宜的临界点之前，气温的增加对植被活动起到了促进作用，但超过植被适宜的临界值则会加速植被对营养物质的消耗，且加剧土壤水分蒸发量。同样，降水的时空不稳定性导致干旱与洪涝等灾害的频率与强度得以不断加深，进而对农作物受灾带来严重的危害（石晓丽等，2015）。相关学者研究气候要素与水稻之间的关联性发现，水稻生长的不同时期对不同气候要素表现出的敏感性存在较大差异。陈超等（2016）指出抽穗至成熟期水稻的产量与气温和太阳辐射最敏感，而在移栽至分蘖期对日较差的变化最敏感。刘胜利等（2015）探索历史气候变化背景下双季稻生产的气候敏感性指出，湖南省早稻产量变化与生育期内水资源和太阳辐射具有极为显著的相关性。晚稻产量与生育期内热量具有显著的相关性。早稻生育期内平均温度的升高促进产量的增加。降水量和辐射的改变降低了水稻的产量。对中国历史时期气候变化的观察发现，在中国处于气候温暖的唐宋期，往往伴随着气候湿润，对粮食生产有利。在当前的气候变化中，气候变暖却具有复杂性。如1961年以来，干旱是地处胡焕庸线毗邻地带的生态脆弱带甘肃省所遭受的各种灾害中风险最大的灾害类型。灾害发展具有面积增大和危害程度加深的趋势。干旱受灾率、成灾率、绝收率以及增加速率均明显高于全国平均水平。多年平均综合损失率为 10.8%，约为全国平均值（5.1%）的 2 倍（韩兰英等，2016，2019）。钟章奇等（Zhong et al.，2019）指出年总降水量、生长季平均气温和蒸发强度对农业全要素生产率具有面向的关联性。降水越多、温度越高、蒸发强度越高会降低中国农业全要素生产率。对当前气温升高和历史温暖期农业影响的观察得到不同结论，可能是因为历史时期气温升高的幅度没有当前预测的升温幅度高。这一干旱的频率没有当代的高，农业影响不会相同。这些都提示我们，中国的气候变化对中国经济作用，特别对它的敏感性和农业脆弱性影响评估面临着复杂性（张丕远等，1995）。

二、气候变化对作物种植制度的影响

全球变暖和气候变化对农作物生长环境造成深远影响，使得作物种植制度和种植地区发生明显的迁移（Zhang et al.，2016）。近 60 年来中国省级尺度水稻种植重心向东北迁移，耕种区扩大。气候对水稻空间变化起主导作用（Li et al.，2015）。但是温度对小麦种植面积重心迁移的驱动作用明显，且具有显著的负面效应。即温度每升高 1%，种植面积将减少 0.27%。该现象是农户们依据气候变化对作物种植结构做出的适应性调整。然而由于灌溉水平的提升弥补了降水时空不均所造成的影响，使得降水对小麦种植面积变化的影响较小且空间驱动不明显（范玲玲，2018）。不同熟型的玉米在东北地区的种植北界发生不同程度北移和东扩。冬小麦在宁夏—甘肃、河北—辽宁、山东—河北、安徽、江苏、河南以及山东交界处等地区具有明显的北移趋势（郭建平，2015）。刘胜利等（Liu et al.，2016）指出气候资源波动是导致南方主要双季稻产量波动的主要因素，但综合地讲，气候变化有利于提升作物产量。

农业生态系统中农作物的生存、生长发育和产量形成对外部气候条件表现出一定程度的依赖性。1978 年以来，中国农村经济体制因改革开放发生广泛变革，加上生产技术的水平明显提升、农业基础设施的不断完善与发展，使得中国人温饱问题得以解决。农民收入状况也得到不断改善（韩亚恒等，2015）。1949～2007 年中国小麦播种面积占粮食作物总面积由 19.57％升至 22.45％。产量所占比重则由 12.2％升至 21.79％（胡实等，2017）。相关学者指出，如若任其发展而不采取适应措施，随着全球变暖未来气候变化对农业生产的影响将进一步加剧。热带和温带的主要粮食作物产量将可能会出现较大幅度的下降（Zhao *et al.*，2017）。张天一等（Zhang *et al.*, 2016）研究长时间序列的植被物候期变化发现植被物候与气温具有明显的关联性。温度的上升使得作物明显提前且生育期变短，进而影响作物有机物的合成与积累。相关研究表明气温对双季水稻存在负面影响（Liu *et al.*，2016）。极端气候事件（高温和寒露）的频繁发生是制约作物产量的主要限制性因素（Wang *et al.*，2017）。明晰气候变化背景下农作物产量变化、作物种植制度和格局变化对于采取气候变化适应措施、因地制宜地制定应对策略和提高区域适应能力具有重大意义（Yang *et al.*，2015）。

未来气候变化对农业生产的影响是预知气候变化对农业活动影响的重要内容。研究多采取不同气候模式和作物模型等方式。刘胜利等（2018）模拟结果表明，未来情景下 2031～2060 年湖南省不同站点气候变化对早/晚稻产量变化的影响可以看出，该区域早产量受到气候变化的影响而出现产量下降。预测未来情景下水稻产量对气候变化的响应发现，随着未来情景下温度继续升高，水稻产量会呈现出显著下降的趋势，并且温度每升高 1℃，水稻产量下降可能达到 8.5％。到本世纪末，中国水稻最高可能减产 40％（Zhao *et al.*，2016）。

三、气象灾害对农业造成的影响

气象灾害和病虫灾害对作物产量直接构成威胁，如何预测和防范其对作物造成的影响是当前亟待解决的重要问题。干旱问题是中国北方农业活动面临的重要气象灾害之一。干旱事件的发生具有明显的时空异质性特性。水资源的变化诱发干旱灾害的发生，尤其是在中国水分条件较差的西北干旱半干旱区域，春季干旱化趋势明显加强（Li et al.，2019a）。中国东北地区春旱和夏旱是气象干旱的主要类型，其中夏季干旱等级最高，灾情最严重，春季次之（冯波等，2016）。各类气象灾害中新疆地区发生干旱的概率最高，其次是冰雹和低温以及洪涝灾害（吴美华等，2015）。苹果遭受越冬冻害的区域，覆盖了除黄河故道和云南产区外的大部分果区，极端低温冻害集中于环渤海湾北部产区、黄土高原西北部和纬度较高的北疆（屈振江等，2017）。研究表明，连阴雨灾害对各类型农作物产生了广泛的影响。例如，李亚男等（2018）研究连阴雨对麦收期冬小麦的影响发现，从灾害胁迫等级来看，秦岭—淮河以南地区整体高于以北地区。华北西部、黄淮西部和西南地区东南部的暴露等级相对较高。阴雨灾害对花期夏玉米影响的整体综合风险指数较高，主要分布在黄淮海的北部、东部及南部，占总面积的57.3%（徐虹等，2014）。李德等（2015）评估连阴雨对灌浆期冬小麦的综合风险指数，并划分区域灾害风险等级。连阴雨日数和持续降水量与油菜花期的减产率有较高的相关性（刘瑞娜等，2016）。热带地区冬季瓜菜在苗期遭受湿涝灾害的可能性自西南向东北逐渐增加，而春季干旱则空间上呈现出东西高、中间低的格局（张蕾等，2015）。

四、与其他系统的关联性

　　气候变化深刻影响着各地表循环子系统。最直接的影响就是地表水热状况的变化，进而扩展到其他更深层面的影响。研究表明，全球变暖和气候变化背景下 20 世纪 60 年代初以来全球半干旱地区旱地面积的扩张最为明显（Huang *et al.*, 2016）。黄土高原地区气候的暖干化趋势使得土壤易侵性增大，加之降水较为集中在夏季，在某种程度上会增加土壤侵蚀的可能性（Li *et al.*, 2019b）。水热状况基础较差的西北干旱半干旱区是对气候变化最为敏感的区域。其生态极为脆弱且一旦恶化，可恢复性较差。从适应气候变化能力来看，农户对气候变化适应策略的多样化程度和人力资本、自然资本、金融资本，对气候变化的严重性感知与适应效能呈显著正相关。其中，人力资本是影响适应策略的最主要因素。社会资本和风险感知次之。金融资本和适应效能感知最弱（王亚茹等，2016）。

参考文献

Ahammad, H., R. Mi, 2005. Land Use Change Modeling in GTEM: Accounting for Forest Sinks. Australian Bureau of Agricultural and Resource Economics. Presented at EMF 22: Climate Change Control Scenarios, Stanford University, California.

Ali, T., J. Huang, J. Wang *et al*, 2016. Global Footprints of Water and Land Resources Through China's Food Trade. *Global Food Security*, 12.

Burke, M., S. M. Hsiang and E. Miguel, 2015. Global Non-Linear Effect of Temperature on Economic Production. *Nature*, 527.

Cai, X. M., X. H. Zhang, P. Noël *et al.*, 2015. Impacts of Climate Change on Agricultural Water Management: a Review: Impacts of Climate Change on Agricultural Water Management. *Wiley Interdisciplinary Reviews: Water*, 2(5).

Cai, Y., J. S. Bandara and D. Newth, 2016. A Framework for Integrated Assessment of Food

Production Economics in South Asia under Climate Change. *Environmental Modelling and Software*, 75(2).

Chun, J. A., S. Li, Q. Wang *et al.*, 2016. Assessing Rice Productivity and Adaptation Strategies for Southeast Asia under Climate Change through Multi-Scale Crop Modeling. *Agricultural Systems*, 143.

Cremades, R., G. S. A. R. Sabrina, D. Conway *et al.*, 2016. Co-Benefits and Trade-Offs in the Water-Energy Nexus of Irrigation Modernization in China. *Environmental Research Letters*, 11(5).

Cristea, A., D. Hummels, L. Puzzello *et al.*, 2013. Trade and the Greenhouse Gas Emissions from International Freight Transport. *Journal of Environmental Economics and Management*, 65(1).

Dalin, C., Rodríguez-Iturbe and Ignacio, 2016. Environmental Impacts of Food Trade via Resource use and Greenhouse Gas Emissions. *Environmental Research Letters*, 11(3).

Dalin, C., Y. Wada, T. Kastner *et al.*, 2017. Groundwater Depletion Embedded in International Food Trade. *Nature*, 543(7647).

Fujimori, S., T. Hasegawa and T. Masui, 2017. AIM/CGE V2.0: Basic Feature of the Model. Post-2020 Climate Action.

Havlik, P., H. Valin, A. Mosnier *et al.*, 2013. Crop Productivity and the Global Livestock Sector: Implications for Land Use Change and Greenhouse Gas Emissions. *American Journal of Agricultural Economics*, 95(2).

Henry, C., Y. H. S. Paltsev, J. Reilly *et al.*, 2017. *The MIT Economic Projection and Policy Analysis (EPPA) Model: Version 5*.

Huang, J., M. Ji, Y. Xie *et al.*, 2016. Global Semi-Arid Climate Change over Last 60 Years. *Climate Dynamics*, 46(3~4).

Li, Y., Z. Xie, Y. Qin *et al.*, 2019. Temporal-Spatial Variation Characteristics of Soil Erosion in the Pisha Sandstone Area, Loess Plateau, China. *Polish Journal of Environmental Studies*. 28(4).

Li, Y., Z. Xie, Y. Qin *et al.*, 2019. Drought under Global Warming and Climate Change: An Empirical Study of the Loess Plateau. *Sustainability*. 11(5).

Li, Z., Z. Liu, W. Anderson *et al.*, 2015. Chinese Rice Production Area Adaptations to Climate Changes, 1949~2010. *Environmental science and technology*, 49(4).

Liu, S. L., C. Pu, Y. X. Ren *et al.*, 2016. Yield Variation of Double-Rice in Response to Climate Change in Southern China. *European Journal of Agronomy*, 81.

Liu, X., J. Klemeš, P. Varbanov *et al.*, 2017. Virtual Carbon and Water Flows Embodied in International Trade: A Review on Consumption-Based Analysis. *Journal of Cleaner Production*, 146.

Liu, X., X. Zhu, Y. Pan *et al*., 2016. Agricultural Drought Monitoring: Progress, Challenges, and Prospects. *Journal of Geographical Sciences*, 26(6).

Lotze-Campen, H., Müller Christoph, A. Bondeau *et al*., 2010. Global Food Demand, Productivity Growth, and the Scarcity of Land and Water Resources: A Spatially Explicit Mathematical Programming Approach. *Agricultural Economics*, 2010, 39(3).

Moore, F. C., D. B. Diaz, 2015. Temperature Impacts on Economic Growth Warrant Stringent Mitigation Policy. *Nature Climate Change*, 5(2).

Moore, F., U. Baldos, T. Hertel *et al*., 2017. New Science of Climate Change Impacts on Agriculture Implies Higher Social Cost of Carbon. *Nat Commun*, 8(1).

Nelson, G. C., H. Valin, R. D. Sands *et al*., 2014. Climate Change Effects on Agriculture: Economic Responses to Biophysical Shocks. *Proceedings of the National Academy of Sciences of the United States of America*, 111(9).

Nowicki, P., K. Hart, H. van Meijl *et al*., 2009. Study on the Impact of Modulation.

Porfirio, L. L., D. Newth, J. J. Finnigan *et al*., 2018. Economic Shifts in Agricultural Production and Trade due to Climate Change. *Palgrave Communications*, 4.

Qiu, G. Y., X. Zhang, X. Yu *et al*., 2018. The Increasing Effects in Energy and GHG Emission Caused by Groundwater Level Declines in North China's Main Food Production Plain. *Agricultural Water Management*, 203.

Ritchie, H., D. S. Reay and P. Higgins, 2018. The Impact of Global Dietary Guidelines on Climate Change. *Global Environmental Change*, 49.

Rosegrant, M., 2012. International Model for Policy Analysis of Impact Development Team.

Shi, P., Y. Zhu, L. Tang *et al*., 2016. Differential Effects of Temperature and Duration of Heat Stress During Anthesis and Grain Filling Stages in Rice. *Environmental and Experimental Botany*, 132.

Song, G., M. Li, H. M. Semakula *et al*., 2015. Food Consumption and Waste and the Embedded Carbon, Water and Ecological Footprints of Households in China. *Science of the Total Environment*, 529.

van Der Mensbrugghe, 2013. The Environmental Impact and Sustainability Applied General Equilibrium (ENVISAGE) Model: Version 8.0, processed, FAO, Rome.

von Lampe M., D. Willenbockel, H. Ahammad *et al*., 2014. Why Do Global Long-Term Scenarios for Agriculture Differ? An Overview of the AgMIP Global Economic Model Intercomparison. *Agricultural Economics*, 45(1).

Wang, Z., P Shi, Z. Zhang *et al*., 2017. Separating Out the Influence of Climatic Trend, Fluctuations, and Extreme Events on Crop Yield: A Case Study in Hunan Province, China. *Climate Dynamics*, (3).

Wise, M., K. Calvin, 2011. GCAM 3.0 Agriculture and Land Use Modeling: Technical

Description of Modeling Approach.

WTO (World Trade Organization) and UNEP (United Nations Environment Program) 2009. Trade and Climate Change.

Yang, X. G., F. Chen, X. M. Lin *et al.*, 2015. Potential Benefits of Climate Change for Crop Productivity in China. *Agricultural and Forest Meteorology*, 208.

Zhang, K., J. S. Kimball, R. R. Nemani *et al.*, 2015. Vegetation Greening and Climate Change Promote Multidecadal Rises of Global Land Evapotranspiration. *Scientific Reports*, 2015, 5.

Zhang, S., F. Tao and Z. Zhang, 2016. Changes in Extreme Temperatures and Their Impacts on Rice Yields in Southern China from 1981 to 2009. *Field Crops Research*, 189(189).

Zhang, T., T. Li, X. Yang *et al.*, 2016. Model Biases in Rice Phenology under Warmer Climates Open. *Scientific Reports*, 6.

Zhang, T. and X. Yang, 2016. Mapping Chinese Rice Suitability to Climate Change. *Journal of the National Academy of Sciences*, 8.

Zhao, C., B. Liu, S. L. Piao *et al.*, 2017. Temperature Increase Reduces Global Yields of Major Crops in Four Independent Estimates. *Proceedings of the National Academy of Sciences of the United States of America*, 114(35).

Zhao, C., S. L. Piao, X. H. Wang *et al.*, 2017. Plausible Rice Yield Losses Under Future Climate Warming. *Nature Plants*, 3.

Zhong, Z. Q., Y. Q. Hu and L. Jiang, 2019. Impact of Climate Change on Agricultural Total Factor Productivity Based on Spatial Panel Data Model: Evidence from China. *Sustainability*, 11.

阿布都克日木·阿巴司、胡素琴、努尔帕提曼·买买提热依木等："新疆喀什气候变化对棉花发育期及产量的影响分析"，《中国生态农业学报》，2015 年第 7 期。

阿布都克日木·阿巴司、努尔帕提曼·买买提热依木、孟凡雪等："新疆巴楚气象因子对棉花发育期及产量的影响分析"，《沙漠与绿洲气象》，2017 年第 2 期。

曾小艳、郭兴旭："极端天气、粮食产量波动与农业天气风险管理"，《江苏农业科学》，2017 年第 11 期。

陈超、庞艳梅、张玉芳等："四川单季稻产量对气候变化的敏感性和脆弱性研究"，《自然资源学报》，2016 年第 2 期。

陈超、庞艳梅、张玉芳等："四川冬小麦产量对气候变化的敏感性和脆弱性研究"，《自然资源学报》，2017 年第 1 期。

陈俊聪、王怀明、汤颖梅："气候变化、农业保险与中国粮食安全"，《农村经济》，2016 年第 12 期。

陈远翔："洱源县农作物产量对气候变化响应的敏感性分析"，《环境科学导刊》，2016 年第 2 期。

a 戴彤、王靖、赫迪等："1961～2010 年气候变化对西南冬小麦潜在和雨养产量影响的模拟分析"，《中国生态农业学报》，2016 年第 3 期。

b 戴彤、王靖、赫迪等："基于 APSIM 模型的气候变化对西南春玉米产量影响研究"，《资源科学》，2016 年第 1 期。

邓振镛、王强、张强等："中国北方气候暖干化对粮食作物的影响及应对措施"，《生态学报》，2010 年第 22 期。

丁玉梅、廖程胜、吴贤荣等："中国农产品贸易隐含碳排放测度与时空分析"，《华中农业大学学报（社会科学版）》，2017 年第 1 期。

范玲玲："过去 65 年中国小麦种植时空格局变化及其驱动因素分析"（硕士论文），中国农业科学院，2018 年。

冯波、章光新、李峰平："松花江流域季节性气象干旱特征及风险区划研究"，《地理科学》，2016 年第 3 期。

管大海、张俊、王卿梅等："气候智慧型农业及其对中国农业发展的启示"，《中国农业科技导报》，2017 年第 10 期。

管大海、张俊、郑成岩等："国外气候智慧型农业发展概况与借鉴"，《世界农业》，2017 年第 4 期。

郭建平："气候变化对中国农业生产的影响研究进展"，《应用气象学报》，2015 年第 1 期。

郭金花、刘晓洁、吴良等："中国稻谷供给与消费平衡的时空格局"，《自然资源学报》，2018 年第 6 期。

韩兰英、张强、杨阳等："气候变化背景下甘肃省主要气象灾害综合损失特征"，《干旱区资源与环境》，2019 年第 7 期。

韩兰英、张强、赵红岩等："甘肃省农业干旱灾害损失特征及其对气候变暖的响应"，《中国沙漠》，2016 年第 3 期。

韩亚恒、刘现武、杨鹏等："中央财政支持农业可持续发展政策演变研究"，《农业科研经济管理》，2015 年第 2 期。

郝宏飞、郝宏蕾、辜永强等："新疆巴楚县近 30 年热量资源变化及其对棉花生产的影响"，《中国棉花》，2015 年第 4 期。

郝晓燕、张益、韩一军："中国小麦生产布局演化及影响因素研究"，《中国农业资源与区划》，2018 年第 8 期。

何为、刘昌义、刘杰等："气候变化和适应对中国粮食产量的影响——基于省级面板模型的实证研究"，《中国人口•资源与环境》，2015 年第 S2 期。

何友、曾福生："中国粮食生产与消费的区域格局演变"，《中国农业资源与区划》，2018 年第 3 期。

胡实、莫兴国、林忠辉等："冬小麦种植区域的可能变化对黄淮海地区农业水资源盈亏的影响"，《地理研究》，2017 年第 5 期。

黄德林、李喜明、李新兴："气候变化对中国粮食安全的均衡分析"，《中国农业资源与区划》，2016 年第 3 期。

黄德林、李新兴："适应气候变化的中国粮食安全及经济增长研究——基于静态多区域农业一般均衡模型"，《农学学报》，2016 年第 6 期。

贾利军、杨静、马雪剑："美国碳排放政策变化对中国玉米贸易的影响"，《当代经济研究》，2018 年第 1 期。

亢艳莉、申双和、张学艺等："气候变化对宁夏南部山区马铃薯产量的影响及马铃薯水分供需特征分析"，《江苏农业学报》，2017 年第 5 期。

李德、景元书、祁宦："1980～2012 年安徽淮北平原冬小麦灌浆期连阴雨灾害风险分析"，《资源科学》，2015 年第 4 期。

李二玲、位书华、胥亚男："中国大豆种植地理集聚格局演化及其机制"，《经济经纬》，2016 年第 3 期。

李辉尚、胡晨沛、曲春红："中国小麦主产区生产效率时空演变特征分析"，《中国农业资源与区划》，2018 年第 10 期。

李慧琴、胡宝、马丽等："新疆麦盖提垦区气象因素对棉花产量的影响"，《中国棉花》，2018 年第 11 期。

李良、毕军、周元春等："基于粮食-能源-水关联关系的风险管控研究进展"，《中国人口•资源与环境》，2018 年第 7 期。

李香颜、张金平："气候变化对河南省大豆产量的影响分析"，《江苏农业科学》，2017 年第 4 期。

李亚男、秦耀辰、谢志祥等："中国冬小麦麦收期连阴雨灾害风险评价"，《自然资源学报》，2018 年第 11 期。

刘继森、刘刚："中美农产品贸易的影响因素研究——基于碳排放因素的引力模型分析"，《特区经济》，2015 年第 3 期。

刘力、阮荣平："气候变暖对粮食安全的影响综述"，《江苏农业科学》，2016 年第 11 期。

刘立涛、刘晓洁、伦飞等："全球气候变化下的中国粮食安全问题研究"，《自然资源学报》，2018 年第 6 期。

刘明、李素菊、武建军等："1961～2010 年陕甘宁农区干旱变化规律及其对小麦潜在产量的影响"，《农业工程学报》，2015 年第 18 期。

刘瑞娜、杨太明、陈鹏等："安徽省油菜花期连阴雨灾害损失评估指标"，《中国农业气象》，2016 年第 4 期。

刘胜利、薛建福、张冉等："气候变化背景下湖南省双季稻生产的敏感性分析"，《农业工程学报》，2015 年第 6 期。

刘长松、徐华清："对气候安全问题的初步分析与政策建议"，《宏观经济管理》，2018 年第 2 期。

马红勇、庞成、白青华等："气候暖湿变化对黑河流域绿洲农业生产的影响"，《干旱地区农业研究》，2015 年第 1 期。

孟立慧："中国粮食生产重心转移趋势及优化研究",《中国农业资源与区划》,2018 年第 8 期。

彭俊杰："气候变化对全球粮食产量的影响综述",《世界农业》, 2017 年第 5 期。

屈振江、周广胜："中国产区苹果越冬冻害的风险评估",《自然资源学报》,2017 第 5 期。

石晓丽、史文娇："气候变化和人类活动对耕地格局变化的贡献归因综述",《地理学报》,2015 年第 9 期。

涂涛涛、马强、李谷成："极端气候冲击下中国粮食安全的技术进步路径选择——基于动态 CGE 模型的模拟",《华中农业大学学报（社会科学版）》,2017 年第 4 期。

王电龙、张光辉："不同气候条件下华北粮食主产区地下水保障能力时空特征与机制",《地球学报》,2017 年第 S1 期。

王全忠、薛超、周宏："种质创新、灌溉与玉米稳产研究——兼论中国玉米生产'靠天吃饭'的局面是否有所改观",《农业现代化研究》,2017 年第 4 期。

王帅、赵秀梅："中国粮食流通与粮食安全：关键节点的风险识别",《西北农林科技大学学报（社会科学版）》,2019 年第 2 期。

王太祥、董舒婷："气候变化对中国棉花产量的影响——基于 C–D–C 模型的实证分析",《江苏农业科学》,2018 年第 24 期。

王亚茹、赵雪雁、张钦等："高寒生态脆弱区农户的气候变化适应策略——以甘南高原为例",《地理研究》,2016 年第 7 期。

王彦平、阴秀霞、侯琼等："大兴安岭东部近 30 年气候变化及对玉米、大豆生长发育的影响",《水土保持研究》,2016 年第 4 期。

吴昊、李育冬："基于状态空间模型的气候变化与中国粮食安全动态关系研究",《中国农业资源与区划》,2015 年第 2 期。

吴美华、陈亚宁、徐长春："基于信息扩散理论新疆气象灾害风险评估",《地理科学》,2015 年第 1 期。

吴绍洪、潘韬、刘燕华等："中国综合气候变化风险区划",《地理学报》,2017 年第 1 期。

肖薇薇、许晶晶："气候变化对华北平原主要农作物生长影响研究——以冬小麦、夏玉米为例",《江西农业学报》,2016 年第 6 期。

肖玉、成升魁、谢高地等："中国主要粮食品种供给与消费平衡分析",《自然资源学报》,2017 年第 6 期。

谢立勇、李悦、钱凤魁等："粮食生产系统对气候变化的响应：敏感性与脆弱性",《中国人口·资源与环境》,2014 年第 5 期。

徐虹、张丽娟、赵艳霞等："黄淮海地区夏玉米花期阴雨灾害风险区划",《自然灾害学报》,2014 年第 5 期。

杨笛、熊伟、许吟隆等："气候变化背景下中国玉米单产增速减缓的原因",《农业工程学报》,2017 年第 1 期。

杨红雁、杨星星、焦磊："1961～2015 年寿阳县气候变化特征及对玉米生产的影响",《中国农学通报》，2018 年第 15 期。

杨轩、王自奎、曹铨等：“陇东地区几种旱作物产量对降水与气温变化的响应”，《农业工程学报》，2016 年第 9 期。

姚玉璧、雷俊、牛海洋等：“气候变暖对半干旱区马铃薯产量的影响”，《生态环境学报》，2016 年第 8 期。

尹朝静、李谷成、葛静芳：“粮食安全：气候变化与粮食生产率增长——基于 HP 滤波和序列 DEA 方法的实证分析”，《资源科学》，2016 年第 4 期。

张甘霖、吴华勇：“从问题到解决方案：土壤与可持续发展目标的实现”，《中国科学院院刊》，2018 年第 2 期。

张蛟龙：“金砖国家粮食安全合作评析”，《国际安全研究》，2018 年第 6 期。

张进、王诺、卢毅可等：“世界粮食供需与流动格局的演变特征”，《资源科学》，2018 年第 10 期。

张蕾、霍治国、贾大鹏等：“海南冬种瓜菜气象灾害风险评估与区划”，《地理研究》，2015 年第 2 期。

张露、张俊飚、童庆蒙：“农业对气候变化响应研究的进展与前瞻：以水稻为例”，《中国农业大学学报》，2016 年第 8 期。

张丕远、王铮：“中国历史气候变化研究”，山东科技出版社，1995 年。

张强、韩兰英、张立阳等：“论气候变暖背景下干旱和干旱灾害风险特征与管理策略”，《地球科学进展》，2014 年第 1 期。

张庆萍、朱晶：“世界小麦出口市场格局变动对中国小麦进口来源结构的影响”，《世界农业》，2016 年第 10 期。

张雄智、王岩、魏辉煌等：“碳标签对中国农产品进出口贸易的影响及对策建议”，《中国人口·资源与环境》，2017 年第 S2 期。

张玉周：“气候变化背景下中国粮食安全面临挑战及其应对”，《中州学刊》，2018 年第 9 期。

张正斌、徐萍：“高水效农业的微观和宏观研究”，《中国生态农业学报》，2015 年第 10 期。

中 篇

生态环境变化及人地关系适应

第三章 气候变化情景下中国生态环境脆弱性评估

第一节 气候变化影响下中国生态环境现状

在可持续环境保护和区域发展规划中，合理的环境脆弱区划是较为重要的一步，同时也是一项严峻的挑战，尤其在发展压力大、环境威胁程度高的地区。在气候变化背景下，综合的环境脆弱性评价能够为典型地区的环境保护和治理提供很好的基础数据与信息。在对中国生态环境状态进行综合评价的研究显示，中国西部地区的环境脆弱性明显高于东部，即西部地区的环境脆弱性更为显著。根据生态环境等级划分结果表明，中国东北地区以轻度脆弱区为主，东部和中部均以潜在、轻度和中度脆弱区为主，而西部地区则以中度、重度和严重脆弱区为主。从五种脆弱类型在四大经济区的分布情况来看，90%以上的严重脆弱区和近80%的重度脆弱区均分布在西部地区；中度脆弱区仍以西部地区占优势；轻度脆弱区在中国四大区域的分布较为均匀；潜在脆弱区以东部地区占优势。

一、生态环境状态评价

近年来，气候变化对生态系统的影响备受关注，特别是极端气候对生态系统的影响（于翠松，2007）。对生态环境的评价主要关注的有两点，环境的脆弱性以及人类活动对资源和生态的压力。气候变化视角下的脆弱性研究主要着眼于其在全球变化背景中的使用。通过分析其影响因素，制定出风险降低策略，以期减少气候变化对承灾系统的影响（梁恒谦等，2015）。

脆弱性定义考虑由气候变化导致的潜在破坏量及在遭到致灾事件打击之前，系统内存在的一种状态（Alwang et al., 2001）。政府间气候变化专门委员会（IPCC）给出了脆弱性的定义："指系统的易感性及其无法应对气候变化带来的不利影响程度。气候变化的不利影响主要包括极端天气和气候变异"。多数的脆弱性分析都是基于单个压力或一类压力度量人与环境系统的脆弱性（Villa et al., 2002；陈萍等，2010）。如赵东升等（2013）选取生态系统净初级生产力（Net Primary Productivity, NPP）、生长季长度和干燥度指数作为中国自然生态系统脆弱性的评价指标，对未来不同气候情景评估了中国自然生态系统响应未来气候变化的脆弱性。库马尔等（Kumar et al., 2016）在暴露—敏感—适应能力框架下提出了城市尺度上的气候变化脆弱性评估方法。该方法包含的暴露指标包含了高温天数、平均增温量、降水天数、降水强度等气候指标，再结合敏感性指标和适应性指标进行评价。

气候变化对农业部门的影响几乎都是伤害性的。间歇性的干旱和洪水威胁农村居民的生计。极端气候频率的增加降低农业产量和家畜产量。马利亚里（Mallari, 2016）基于访谈的方式选择气候变化对农业部门的影响因子，并由被采访者确定各指标的权重，评估了台风来临时农业部门的脆弱性。阿比德等（Abid et al., 2016）以问卷调查方法在农场水平上研究了巴基斯坦农户对风险的认知，如极端气温事件，并评估了气候变化下的脆弱性。

　　最近 20 年随着中国政府对气候变化的重视，在中国涌现了大量对中国生态环境变化的研究。这里所谓生态环境是指陆地生态系统与它赋存的自然地理环境构成的统一体。气候、地貌、植被、土壤是其构成单元。气候变化显然对这个系统有强迫、控制作用。

　　在评价指标体系的构建中，对农业生态系统的重视尤为突出，如灌溉能够在一定程度上缓解农业干旱，因此灌溉性是生态环境评价的重要指标之一。另外，植被覆盖往往作为生态环境脆弱度评价直观的重要指标（Nguyen *et al.*, 2016），它直接影响甚至决定了环境功能（Shao *et al.*, 2015）。赵金彩等（Zhao *et al.*, 2018）根据地形、地貌、气候、水文要素、植被覆盖及灌溉条件，选取了 12 个指标（见表 3–1），包括高程、地表崎岖度、喀斯特、无霜期、极端高温、年降水量、干旱频次、多雨频次、风速、日照、植被指数及灌溉因子作为评价气候变化引发生态环境变化的测度标准。基于此 12 个指标，以县域作为基本评价单元，对中国大陆生态环境的脆弱程度进行评估。

表 3–1　指标权重赋值

类别	指标	指标作用方向	权重
地形地貌	高程	+	0.196 9
	地表崎岖度	+	0.137 6
	喀斯特	+	0.124 4
气象因素	无霜期	-	0.066 3
	极端高温	+	0.136 6
	年降水量	-	0.040 6
	干旱频次	+	0.004 0
	多雨频次	+	0.030 4
	风速	+	0.124 5
	日照	-	0.028 7
植被覆盖	植被指数	-	0.036 3
农业灌溉	灌溉因子	-	0.073 7

根据熵权法确定各指标的权重，得到中国大陆 1950 年以来的地理环境脆弱度。值越大表示环境越脆弱。中国大陆环境脆弱度介于 0.127 5～0.487 3。位于平均水平以上的县域占 46.37%，而面积高达 72.18%。这主要是因为脆弱程度较高的县域单元主要位于西部地区，且西部地区的平均县域面积远高于其地区。

整体而言，中国中东部地区的环境脆弱度较低，而西部地区及南部地区的脆弱性整体较高。具体来看，西部地区呈现大面积的高脆弱性覆盖格局，而南部地区则呈现小范围的高脆弱性覆盖态势，且在空间上具有一定的跳跃性。这可能是因为中国南方地形比较破碎，高程变化比较大，地形起伏度大，而西部地区尽管高程普遍较高，但是起伏度小。

中国大陆地理环境最为脆弱的地区为湖北省的巴东县和新农架林区，位于湖北省和重庆市的交界处，且重庆市城口县的环境脆弱度也很高，排全国第三。另外，西藏、青海、新疆和四川西部等地呈现大范围连片的环境脆弱地带。而对于南部地区，一个比较典型的现象是较脆弱地区大多位于省市交界处，如重庆、陕西、湖北三省市交界附近，四川与云南交界处，广西和湖南交界处，以及浙江与安徽的交界处。环境脆弱度较低的地区主要分布在山东、江苏、安徽、河南中东部、河北南部、海南、两广南部以及四川盆地。

二、生态环境等级划分

利用自然断裂点划分等级的方法可以使类别内的差异最小，类别间的变异最大（Liu *et al.*, 2017；Shao *et al.*, 2015）。因此用该方法将环境脆弱度分为五个级别：潜在脆弱区、轻度脆弱区、中度脆弱区、重度脆弱区、严重脆弱区。等级划分标准及分类结果如表 3–2。

表 3–2　环境脆弱度等级划分

等级	划分标准	平均水平	面积占比（%）	县域个数占比（%）
潜在脆弱区	0.127 5～0.199 9	0.169 8	9.38	26.01
轻度脆弱区	0.200 0～0.257 6	0.230 2	18.18	27.14
中度脆弱区	0.257 7～0.313 0	0.285 2	19.05	24.53
重度脆弱区	0.313 1～0.380 7	0.340 7	22.24	14.98
严重脆弱区	0.380 8～0.487 3	0.421 7	31.16	7.34

中国的环境按脆弱度等级可以划分为五种环境脆弱度类型。就面积占比而言，严重脆弱区高达 31.16%，远超过其他四种类型，是潜在脆弱区的三倍以上；重度脆弱区的面积占比仅次于严重脆弱区，占比达 22.24%；中度脆弱区的面积略多于轻度脆弱区，二者面积占比分别为 19.05% 和 18.18%；潜在脆弱区的面积占比最少，不足 10%。然而，就县域个数占比而言，五种类型的分布与上述结果之间的差异很明显。首先，潜在脆弱区与轻度脆弱区的县域个数最多，均占 25% 以上，中度脆弱区次之，占比 24.53%。其次，面积最多的重度脆弱区和严重脆弱区，其县域个数占比却较少，分别为 14.98% 和 7.34%。究其原因来看，正如前文所说，主要是因为严重脆弱区和重度脆弱区大部分位于西部地区，而西部地区的县域面积普遍较大。

环境脆弱度等级在空间分布上存在明显的地域分异。中国西部以严重脆弱区为主，重度和中度脆弱区分布也较为广泛。而在中部和东部地区，重度和严重脆弱区分布较为零碎，潜在脆弱区分布较多。东北地区则主要以轻度和中度脆弱区为主。

在经济区尺度分类框架下，根据东北、东、中、西四大地区对不同环境脆弱度等级的县域进行分类汇总分析（图 3–1）。整体而言，中国四大地区的环境脆弱度等级分布存在较大差异。中国东北地区以轻度脆弱区为主，占比高达 70% 以上，潜在脆弱区占比约为 20%，中度脆弱区分布较少，且该区域不存在重度脆弱区和严重脆弱区。东部地区主要为潜在脆弱区，所占份额约55%，轻度脆弱区和中度脆弱区占比分别为28.37%和14.89%，而重度脆弱区占比较小，同时与东北地区一样，不存在严重脆弱区，环境脆弱程度较低。中部地区以中度、轻度和潜在脆弱区为主，且三种脆弱类型的占比很接近，均为30%左右，而剩余的重度脆弱区和严重脆弱区占比分别为9.98%和7.82%。西部地区则以中度和重度脆弱区为主，而轻度和严重脆弱区占比约为15%，潜在脆弱区占比最小，仅为8.77%，环境脆弱程度远高于其他三大地区。

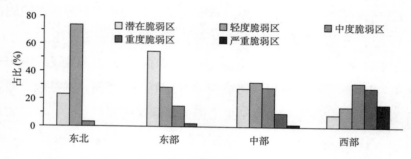

图 3–1　环境脆弱度等级在经济区间的分布

从环境脆弱度在四大地区的分布情况来看（图 3–2），严重脆弱区仅分布于中部和西部地区，且西部地区占绝对分量；重度脆弱区分布于东、中、西三大地区，并未在东北地区出现。具体来看，重度和严重脆弱区的分布情况较为相似，均以西部地区占优势，容纳了 94.08% 的严重脆弱区及 79.42% 的重度脆弱区。就严重脆弱区来看，仅 5.92% 分布于中部地区。类似地，约 16.81%的重度脆弱区分布在中部地区，东部地区则容纳了最后 3.77% 的重度脆弱区。中度脆弱区仍主要分布在西部地区，占比为 54.69%，明显低于上述两种脆弱类型。约 30% 分布在中部地区，而东部和东北地区分别包含 15% 和 1% 的中度脆弱区。轻度脆弱区在中国四大地区间的分配最为均匀。四大地区所占比重范围为 21.44%～29.92%，最多出现在中部地区，东北地区最少。大部分潜在脆弱区分布在东部地区，达 51% 以上；中部地区也较多，占比为 26.88%；位于西部和东北地区的最少，均低于 15%。

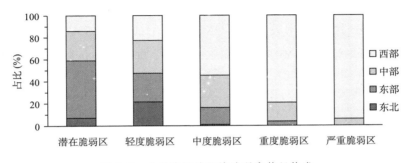

图 3-2　分经济区的环境脆弱度等级构成

在农业区尺度，基于许学工等（Xu *et al.*, 2002）的研究结果，根据农业种植条件将全国划分为九大农业区：甘新区（GXR）、青藏区（QTR）、内蒙古及长城沿线区（MGR）、东北区（NECR）、黄土高原区（LPR）、黄淮海区（HHHR）、西南区（SWCR）、长江中下游区（YRR）、华南区（SCR）。环境脆弱度等级在各农业区的分布情况如图 3-3 所示。首先来看各脆弱等级的县域个数及其占比，近 50% 的潜在脆弱区位于 HHHR，其次约 20% 位于 YRR。而轻度脆弱区在各农业区的分布相对比较均匀，NECR 和 YRR 各占 20% 以上的轻度脆弱区县域个数，LPR 占比 16.8%，SCR 和 SWCR 的占比也均超过 10%。中度脆弱区主要位于 YRR 和 SWCR，分别占比 28.7% 和 25.8%。MGR 和 LPR 约占比 15%。重度脆弱区主要位于 SWCR，占比达 35% 以上，其次 YRR 占比也较高，约为 20%。严重脆弱区则有 67% 位于 QTR，相对比较集中，SWCR 和 GXR 分别占有 16% 和 13%。

而对各脆弱等级的县域面积而言，HHHR 仍是潜在脆弱区分布的主要地区，面积占比为 37.9%，相比县域个数占比有所减少。NECR、YRR 和 SCR 在潜在脆弱区总面积中的占比有不同程度的增加。而对轻度脆弱区来说，

NECR 的面积占比远超县域个数排位第一的 YRR，达 44%。中度脆弱区中，MGR 占 24.9%，比个数占比多了 10%。类似地，GXR 的面积占比为 17.8%，相比个数占比也多了 10%。而 YRR 的面积占比则相对个数占比减少了 10% 左右。重度脆弱区中差别最大的是 GXR，面积占比达 46.7%，是其县域个数占比的 2.6 倍，SWCR 和 YRR 的面积占比则较个数占比分别少了 19% 和 13%。严重脆弱区依然是 QTR 占多数，而 GXR 和 SWCR 的面积和个数占比差异较大，分别变化了 17.9% 和 –13.6%。

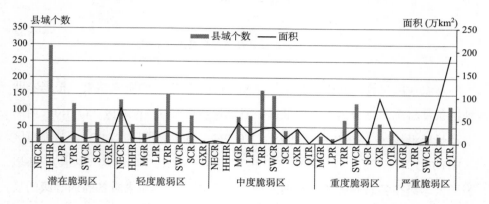

图 3–3 环境脆弱度等级在各农业区的分布

注：港澳台数据暂缺。

从省级尺度上分析五类环境脆弱度等级的分布情况，统计结果如图 3–4 所示。严重脆弱区共计 169 个县域单元，主要分布在西藏自治区、四川省、青海省、新疆维吾尔自治区、云南省和湖北省等，其中西藏自治区承载了 42.60% 的严重脆弱区，四川省和青海省承载了 15.98% 和 13.02% 的严重脆弱区。重度脆弱区共计 345 个县域单元，主要分布在云南省、贵州省、湖南省、新疆维吾尔自治区和广西壮族自治区等地，但是相比严重脆弱区，重度脆弱区在各省（市、区）之间的分布较为均匀，仅云南省和新疆维吾尔自治区超过了 10%。中度脆弱区共计 565 个县域单元，分布在 25 个省域内。各省（市、区）所承担的份额均低于 10%，其中内蒙古自治区容纳的中度脆弱单元最多，是中度脆弱区分布最多的省域。属于轻度脆弱区的县域最多，共计 625 个县级单元，主要分布在山西省、黑龙江省、辽宁省等地。其中山西省最多，为 60 个县域单元，在轻度脆弱单元总数中占 9.60%。最后，就潜在脆弱区而言，河北省所占比重最大，达 17.20%，其次为河南省、山东省、江苏省和四川省等地。

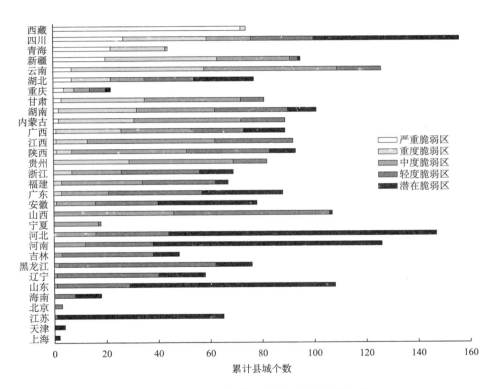

图 3-4　环境脆弱度等级在省级尺度上的分布

注：港澳台数据暂缺。

第二节　关键浓度路径情景下中国未来生态环境脆弱度评估

在气候变化的影响下，中国未来环境脆弱度呈现明显的差异特征，包括空间差异性和时间差异性。就生态环境脆弱水平的空间分布而言，脆弱水平较高的地区主要位于西部地区以及南部地区的省市交界处，而东部地区及华南沿海地区的环境脆弱性较低。在四种 RCP 情景下，东北地区最为稳定，变化较小。在农业区尺度上，青藏地区和西南地区的环境脆弱水平最高；黄土高原、西南地区和甘新地区在高碳排放路径下表现出较为明显的环境脆弱水平的增长；东北地区和内蒙古及长城沿线地区在气候变化背景下的生态环境脆弱性较为稳定。在省级尺度上，西藏、青海和云南的环境脆弱水平较高；安徽、黑龙江、辽宁和吉林的脆弱水平最低。而河南、河北、海南、湖北、湖南等省份在高碳排放路径下的增加幅度较大。生态环境脆弱水平的时间趋势整体表现为随着碳排放强度的增加，脆弱水平不断增强。比较 21 世纪 50 年代和 21 世纪 90 年代两个时间段的生态环境脆弱水平的变化，脆弱水平增加的地区主要位于南部地区、西北地区、东北地区等。相比第一时间段，第二时间段的脆弱水平呈增长趋势的空间范围和增长幅度均有不同程度的增大，其中 RCP 8.5 情景下的变化最大。

一、生态环境脆弱度空间特征

在全球变化背景下，全球变暖显著影响着陆地生态系统，改变了生态系统的干预机制，以及生态扰动过程的频率、时长和强度（Chapin *et al.*, 2000；Goetz *et al.*, 2005；Westerling *et al.*, 2011），并且随着气候变化过程的推进，影响程度可能会更大（IPCC，2007；付新峰等，2007），特别是极端气候变化对生态系统以及地理环境的影响受到更多的关注（于翠松，2007）。极端气候事件的增加，脆弱程度升高，人居环境也变得更为脆弱。

对于农业部门，由气候变化所引起的间歇性干旱和洪水严重威胁居民的生计。阿普雷达等（Apreda et al., 2019）提出了气候变暖背景下极端气候事件对城市系统影响的评估方法，并将其应用于意大利的东那不勒斯城市，结果表明该方法能够有效评估热浪和洪泛现象对城市系统的气候脆弱性和影响。在对生态系统脆弱性的评价中，吴绍洪等（2007）模拟了 21 世纪气候变化情景（B2）下中国生态系统的脆弱性。结果显示生态系统受气候变化影响显著且趋于严重趋势。极端气候所产生的影响巨大，严重影响到落叶阔叶林、有林草地和常绿针叶林，而气候变化对寒冷地区的影响，从近期的视角来看可能较为有利。赵东升等（2013）以 A2、B2 和 A1B 情景气候数据为输入，评估中国生态系统响应未来气候变化的脆弱性，结果表明东北和华北地区受气候变化的影响严重，而青藏地区南部和西北干旱地区的脆弱程度呈明显减轻趋势。从中长期来看，脆弱区面积呈增加趋势，特别是东部地区。

在 RCP 情景下，未来中国大陆的环境脆弱度整体上呈现东低西高的空间形态。环境脆弱度较高的地区主要位于西部地区以及南部地区的省市交界处，而东部地区及华南沿海地区的环境脆弱度较低。比较 RCP 2.6 和 8.5 两种情景，新疆地区、内蒙古西部地区、四川盆地、中部地区以及东南地区的环境脆弱度在 RCP 8.5 情景下具有明显的升高。升高幅度较大的地区主要位于中部地区，如江西、河南、河北等。此外，广西的环境脆弱度在 RCP 8.5 情景下的升高幅度也较大。中国西北地区及内蒙古西北地区呈现小幅度的升高。西藏、青海、甘肃东南部地区、四川西部地区、云南北部地区等表现为环境脆弱度的下降。

在经济区尺度上（图 3–5），西部的环境最为脆弱。四种 RCP 情景下的环境脆弱度平均值为 0.261 1，是其他三个地区环境脆弱度平均值的 1.5 倍以上。中部地区的环境也较为脆弱，平均环境脆弱度为 0.1811。东部和东北两大地区比较接近，分别为 0.151 5 和 0.152 8。比较不同情景下环境脆弱度的变化情况，东北地区最为稳定，变化较小，其他三个地区的变化趋势均为随着辐射强迫水平的增大而升高。其中 RCP 4.5 和 6.0 两种情景下的变化较小。RCP 6.0 和 RCP 8.5 情景下的环境脆弱度变化最大。中部地区的脆弱度在 RCP 8.5 情景下的升高幅度最大，达 0.017 2，其次为东部地区，在 RCP 8.5 情景下的升高幅度为 0.164 6，且其环境脆弱度在该情景下已超过东北地区。

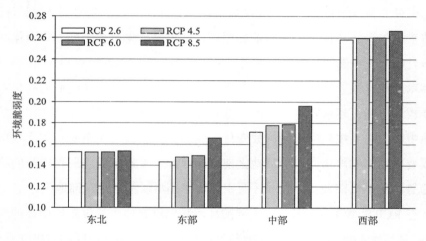

图 3–5 中国四大经济区的环境脆弱度在未来时期的平均值

在农业区尺度上，就四种情景下的平均脆弱度而言，从高至低排序为青藏地区＞西南地区＞甘新地区＞华南地区＞内蒙古及长城沿线地区＞长江中下游地区＞黄土高原地区＞东北地区＞黄淮海地区。在各气候变化情景下，各农业区环境脆弱度排序基本保持一致，仅长江中下游地区、内蒙古及长城沿线地区和黄土高原地区的环境脆弱度略有变动（图 3–6）。在 RCP 2.6、4.5 和 6.0 情景下，长江中下游地区的环境脆弱度均小于内蒙古及长城沿线地区和黄土高原地区两个地区。而在 RCP 8.5 情景下，长江中下游区的环境脆弱度变化幅度较大，已超过上述两个区域的环境脆弱度。这一结果表明长江中下游地区的环境脆弱度对 RCP 8.5 情景下与气候变化相关的指标较为敏感。除长江中下游地区以外，黄淮海地区和华南地区的环境脆弱度在 RCP 8.5 情景下也表现出大幅度的增加。黄土高原地区、西南地区和甘新地区在该情景下的环境脆弱度也表现出较为明显的增长。东北地区和内蒙古及长城沿线地区在气候变化背景下的环境脆弱度较为稳定，四种情景下几乎没有差异。青藏地区在四种 RCP 情景下呈现出环境脆弱度的缓慢降低，表明温室气体排放增加和气候变暖对该地区的生态环境具有优化的作用，这主要由于该地区在气候变暖的背景下与降水和气温相关的指标得到了改善。

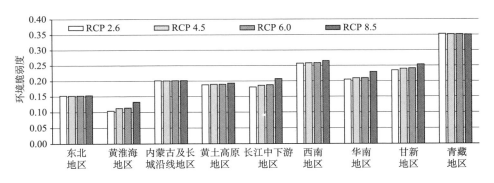

图 3-6　四种 RCP 情景下各农业区的环境脆弱度

在省级尺度上（图 3-7），各省（市、区）的环境脆弱度范围为 0.104 9～0.369 1。西藏的环境脆弱度最高，是唯一一个脆弱度超过 0.35 的省份。其次为青海和云南，环境脆弱度大于 0.3。甘肃、新疆、广西、重庆以及四川的环境脆弱程度相当，均徘徊在 0.25 左右。江苏的环境脆弱度最低，约为 0.1。另外，天津、山东、上海、河北和河南的环境脆弱度也较低，脆弱度约为 0.12。安徽、黑龙江、辽宁和吉林的环境脆弱度在 0.15 左右徘徊。其余省份的环境脆弱度处于中间水平。

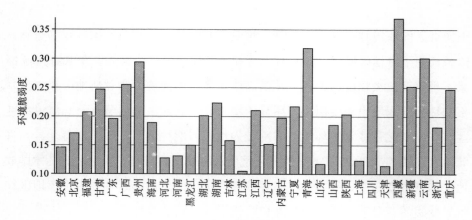

图 3-7 中国大陆各省份在未来阶段的平均环境脆弱度

为了对比省级尺度上环境脆弱度在四种情景下的差异，图 3-8 以 RCP 2.6 为基准，描述了剩余三种情景下的环境脆弱度的累积变化情况。RCP 4.5 情景下，环境脆弱度得到明显增加的省份包括河南、河北、海南、湖北、湖南、江西、山东、新疆、天津、广西、广东、安徽等。类似地，这些省份在 RCP 6.0 和 8.5 情景下增加幅度也是最大的。此外，江苏、上海、重庆、浙江和福建的环境脆弱度在 RCP 4.5 情景下的变化幅度不大，然而在 RCP 8.5 情景下增

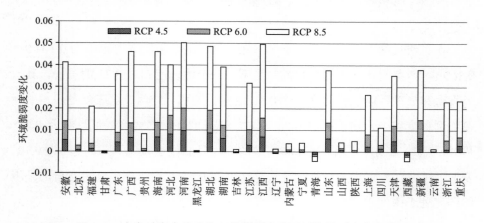

图 3-8 未来时期内的平均环境脆弱度在不同情景下的变化情况

加较多。综合四种情景，环境脆弱度增加幅度较小的省份有黑龙江、云南、内蒙古、宁夏、山西、陕西、贵州、北京、四川等。吉林和辽宁的环境脆弱度在 RCP 4.5 和 6.0 情景下呈现降低趋势，而后在 RCP 8.5 情景下转变为上升趋势。青海、西藏和甘肃在四种 RCP 情景下均呈现出环境脆弱度的降低趋势。

二、生态环境脆弱度时间特征

环境脆弱水平在四种 RCP 情景下的统计值如表 3-3 所示。四种情景下的最小值保持一致，最大值出现在 RCP 6.0 情景下，而平均值随着辐射强迫水平的增强而增大，在 RCP 8.5 情景下出现最大值。对比相邻两种情景下的增加强度，RCP 6.0 情景下环境脆弱水平增加幅度较小，而 RCP 8.5 情景下的增强幅度最大。四种 RCP 情景下的全国各县域的平均脆弱水平为 0.205 2，仅 RCP 8.5 情景下的全国平均值超过这一平均值。以 0.205 2 为阈值，定义环境脆弱水平大于该阈值的县域为脆弱县。表 3–3 表明，无论从脆弱县的个数占比，还是脆弱县的面积占比，中国大陆的平均环境脆弱水平在 RCP 2.6 情景下都最小，而在 RCP 8.5 情景下最大，随着辐射强迫水平的增加而升高。

表 3–3　四种 RCP 情景下中国环境脆弱水平统计量

统计量	RCP 2.6	RCP 4.5	RCP 6.0	RCP 8.5
最小值	0.077 5	0.077 5	0.077 5	0.077 5
最大值	0.442 2	0.441 3	0.442 5	0.441 3
平均值	0.199 5	0.202 8	0.203 7	0.214 8
脆弱县个数占比（%）	42.64	43.94	44.81	51.89
脆弱县面积占比（%）	67.47	68.24	68.67	72.54

在 2020～2099 年间，四种 RCP 情景下的环境脆弱度的变化差异很大。以 21 世纪 20 年代为基准，分别比较四种 RCP 情景下 21 世纪 50 年代和 21

世纪 90 年代的环境脆弱度的变化情况。在 RCP 2.6 的情景下，西北地区、南方地区、东北地区的环境脆弱度略有增加，相比 21 世纪 50 年代，21 世纪 90 年代的环境脆弱度其增长趋势的空间范围进一步扩大，特别是东北地区和东南沿海地区，然而增长幅度变化不大。

在 RCP 4.5 的情景下，西藏的环境脆弱度有所下降。21 世纪 50 年代的环境脆弱度呈现上升趋势的地区主要位于南部地区、内蒙古中部地区、新疆西北部地区、黑龙江地区等，增长幅度较大的地区主要为华中地区。至 21 世纪 90 年代，东南地区的环境脆弱度的增长幅度有所增加，西北、西南地区的环境脆弱度呈上升趋势的空间范围扩大。

RCP 6.0 情景下，21 世纪 50 年代的环境脆弱度呈增加趋势的空间范围最小，主要分布在中东地区，且脆弱度的上升幅度较小。而在 21 世纪 90 年代，全国绝大多数地区均呈现为明显的脆弱度升高，特别是新疆地区、华北平原地区等。这表明该情景下，环境脆弱度在 21 世纪 50 年代以前变化较小，而在 21 世纪 50 年代以后，环境脆弱度大幅度增加。

RCP 8.5 情景下的环境脆弱度变化特征与 RCP 6.0 情景比较相似。在 21 世纪 50 年代，脆弱度的增加主要集中在东南地区，相对而言，增加幅度大于 RCP 6.0 情景下的增幅。至 21 世纪 90 年代，除了西北和东北地区的部分县域，其他地区均呈现出环境脆弱度的显著上升趋势，且增幅明显大于其他三种情景。

在全国尺度上（图 3–9），RCP 2.6 情景下的环境脆弱度并未表现出明显的变化趋势，脆弱度始终在 0.20 左右浮动。RCP 4.5 情景下的环境脆弱度呈现缓慢的稳步增长趋势，由 21 世纪 20 年代的 0.196 上升至 21 世纪 90 年代的 0.212，增加了 0.016。RCP 6.0 和 8.5 情景下的环境脆弱度增加幅度更大，分别增加了 0.030 和 0.065。环境脆弱度在 21 世纪 50 年代之前的变化较小。四种情景下的脆弱度差异不大。自 21 世纪 50 年代以后，RCP 6.0 和 8.5 情景下的环境脆弱度上升迅速。到 21 世纪 90 年代，RCP 8.5 情景下的环境脆弱度远超其他三种情景。

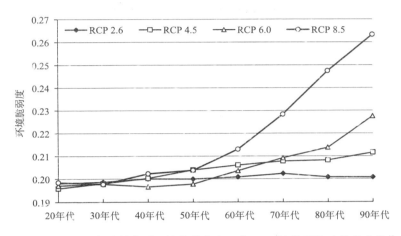

图 3-9　21 世纪全国尺度下环境脆弱度在四种 RCP 情景下的时间变化趋势

　　在经济区尺度上（图 3-10），东北地区的环境脆弱度的时间变化是最为缓慢的，特别是 RCP 2.6 和 4.5 情景，主要呈现动态波动变化。RCP 6.0 和 8.5 情景下的环境脆弱度在 21 世纪 80 年代以后增速显著加快，至 21 世纪 90 年代，明显高于其他两种情景。东部地区和中部地区的环境脆弱度变化特征相似，且最接近全国尺度上的环境脆弱度的变化特征：RCP 2.6 情景下并未表现显著的趋势特征；RCP 4.5 情景下呈现缓慢且持续的增长趋势；RCP 6.0 和 8.5 情景下前期表现为缓慢的增长趋势，后期呈现出快速的上升趋势，且 RCP 8.5 情景下的增速明显快于 RCP 6.0。西部地区在 21 世纪 50 年代之前基本上保持平稳变化。其中 RCP 6.0 和 8.5 呈现出较为明显的下降趋势。这表明，气候变暖在一定范围内有利于西部地区生态环境和居住环境的改善。然而随着气候变暖进一步加强，该地区的环境脆弱度呈现快速的上升趋势。

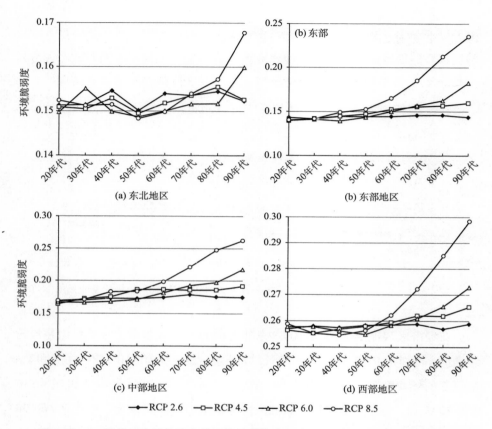

图 3-10　21 世纪经济区尺度上的环境脆弱度在四种 RCP 情景下的时间变化趋势

在农业区尺度上，各区域环境脆弱度在 21 世纪 20～90 年代期间的变化如表 3-4 所示。结果表明，各农业区在四种 RCP 情景下的变化量均为正值，表明各农业区的环境脆弱度在四种 RCP 情景下均呈现上升趋势，且各情景下环境脆弱度的增长速度由慢至快为：RCP 2.6 ＜ RCP 4.5 ＜ RCP 6.0 ＜ RCP 8.5。在 RCP 2.6 情景下，黄土高原地区的环境脆弱度增速最快，增加了 0.009 4。在 RCP 4.5 情景下，长江中下游地区的环境脆弱度增速赶超了黄土高原地区，成为增速最快的地区。而在 RCP 6.0 和 8.5 情景下，黄淮海地区的增速超过其他农业区，环境脆弱度分别增加了 0.063 4 和 0.110 5。综合四种

RCP 情景来看，内蒙古及长城沿线地区、东北地区和青藏地区是环境脆弱度增速最慢的地区，表明相比其他农业区而言，上述三个地区的环境脆弱度对气候变化的敏感性较低。

表3-4　四种 RCP 情景下各农业区环境脆弱度在 21 世纪 20～90 年代期间的变化量

区域	RCP 2.6	RCP 4.5	RCP 6.0	RCP 8.5
甘新地区	0.004 2	0.016 3	0.037 3	0.074 8
黄淮海地区	0.008 2	0.024 9	0.063 4	0.110 5
黄土高原地区	0.009 4	0.004 9	0.023 1	0.056 3
内蒙古及长城沿线地区	0.006 1	0.006 5	0.009 1	0.019 1
东北地区	0.004 7	0.005 8	0.011 5	0.018 8
青藏地区	0.002 9	0.007 3	0.009 5	0.019 2
华南地区	0.006 3	0.026 5	0.035 0	0.100 8
西南地区	0.002 9	0.010 3	0.015 4	0.042 5
长江中下游地区	0.006 3	0.030 2	0.047 2	0.102 3

第三节　关键浓度路径情景下的中国生态环境脆弱等级划分

对生态环境脆弱性进行区划，有利于辨识不同地区所处的环境脆弱等级。就其空间分布来说，西部地区的生态环境脆弱等级较高，东部地区的环境脆弱等级较低。RCP 8.5 情景下生态环境脆弱等级呈现明显升高的地区为华北平原。严重脆弱区和重度脆弱区主要分布在西藏、青海、四川西部地区、云南北部地区等。中度脆弱区集中在新疆北部地区、内蒙古、宁夏、甘肃东北部地区、福建、浙江等地。潜在脆弱区和轻度脆弱区主要位于华北平原地区、四川盆地、两广南部等。生态环境脆弱等级的时间变化趋势在不同情景下有所不同。脆弱等级呈上升趋势的地区主要位于东南和西北地区。21 世纪 90 年代脆弱等级的上升显著高于 21 世纪 50 年代，特别是 RCP 8.5 的情景下，大范围地区的脆弱等级上升两个级别。

一、生态环境脆弱等级时间变化

结合四种 RCP 情景下的生态环境脆弱水平值，同样采用自然断裂点将其分为五种脆弱等级：潜在脆弱区、轻度脆弱区、中度脆弱区、重度脆弱区、严重脆弱区。划分标准如表 3–5 所示。

表 3–5　RCPs 情景下中国生态环境脆弱度等级划分标准

等级	潜在脆弱区	轻度脆弱区	中度脆弱区	重度脆弱区	严重脆弱区
划分标准	≤0.1427	≤0.1940	≤0.2492	≤0.3185	>0.3185

生态环境脆弱等级在不同时间段和不同情景下的变化差异很大。RCP 2.6 情景下生态环境脆弱等级变化的幅度和空间范围均较小。在脆弱等级升高的区域中，脆弱等级上升级的范围最广，主要分布在南方的部分县域。21 世纪 90 年代脆弱等级上升的县域个数略多于 21 世纪 50 年代。在 RCP 4.5 情景下，脆弱等级上升的区域扩大。21 世纪 50 年代时仍主要位于南方地区，至 21 世纪 90 年代，南方地区脆弱等级呈上升的区域在空间上具有一定的连续性，同时西北地区也出现多个脆弱等级上升的县域。在 RCP 6.0 情景下，环境脆弱等级在两个时间段的变化差异更加显著。21 世纪 50 年代，呈现环境脆弱等级上升的县域个数较少，与 RCP 2.6 情景时相当；至 21 世纪 90 年代，则呈现大范围连片的脆弱等级的上升，并且多处地区脆弱等级上升 2 级。RCP 8.5 情景下，环境脆弱等级在前期的变化略小于 RCP 4.5 情景下的变化，呈脆弱

等级上升的地区主要位于华中和华南地区，新疆也有少量县域表现为脆弱等级的上升。到 21 世纪 90 年代，脆弱等级的上升最为明显，主要分布在胡焕庸线以东、新疆及内蒙古西部。脆弱等级呈上升两级的空间范围扩大，几乎占据脆弱等级发生变化地区的一半，在空间上主要分布在中部地区。

在全国尺度上对环境脆弱等级的变化进行统计（表 3–6）。首先对于 21 世纪 50 年代，RCP 4.5 情景下脆弱等级上升最高，全国平均上升了 0.105 5 个级别。RCP 6.0 情景下脆弱等级的上升最小。至 21 世纪 90 年代，RCP 8.5 情景下环境脆弱等级的上升最明显，全国平均上升了 1.015 6 个级别，远超其他三种情景。RCP 2.6 情景下在此时间段的变化最小，脆弱等级上升了 0.043 9。综上所述，RCP 2.6 情景是环境脆弱等级最为稳定的情景；RCP 4.5 和 6.0 情景均为中等碳排放路径，然而其时间变化具有阶段性。21 世纪 50 年代以前，环境脆弱等级的变化在 RCP 6.0 情景下较为稳定，而在 21 世纪后期，该情景下的环境脆弱等级变化显著。相对而言 RCP 4.5 情景下的环境脆弱等级较为稳定。RCP 8.5 与 RCP 6.0 类似，同样在 21 世纪 50 年代以后呈现环境脆弱等级的大幅度上升。

表 3–6　四种 RCP 情景下全国平均脆弱等级分阶段变化幅度

情景	21 世纪 20～50 年代	21 世纪 20～90 年代
RCP 2.6	0.026 1	0.043 9
RCP 4.5	0.105 5	0.209 7
RCP 6.0	0.010 4	0.468 5
RCP 8.5	0.079 5	1.015 6

在经济区尺度上（图 3–11），东部地区和中部地区的环境脆弱等级在两个阶段均是上升最明显的，且中部略高于东部。在 21 世纪 50 年代，中部地区以 RCP 4.5 情景下的脆弱等级上升最明显，平均上升 0.32 个等级，其次为 RCP 8.5 情景，约上升 0.19 个等级；东部地区则以 RCP 8.5 情景下的脆弱等

级上升明显，上升 0.13 个等级，其次是 RCP 4.5。在 21 世纪 90 年代，中、东地区均以 RCP 8.5 情景下的脆弱等级上升最为显著，二者均上升 1.52 个等级。其次，RCP 6.0 情景下的脆弱等级上升也很明显，二者分别上升了 0.84 和 0.60 个等级。

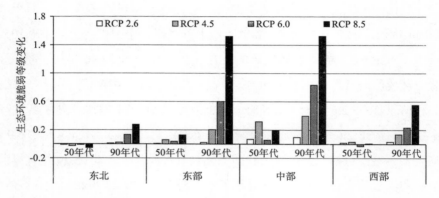

图 3–11　21 世纪 RCP 情景下经济区尺度上生态环境脆弱等级变化

东北地区在 21 世纪 50 年代的脆弱等级变化均表现为下降趋势，其中尤以 RCP 8.5 情景下的下降幅度最大。在 21 世纪 90 年代则全部转为脆弱等级的上升趋势，以 RCP 8.5 情景下的增幅最大，为 0.27，其次为 RCP 6.0 情景。

西部地区的环境脆弱等级在 21 世纪 50 年代的变化幅度也较小，其中 RCP 6.0 情景表现为脆弱等级的下降，其他三种情景为上升趋势。在 21 世纪 50 年代，环境脆弱等级的上升幅度随着碳排放强度的增加而增大。RCP 8.5 情景下脆弱等级上升了 0.55 个级别，高于东北地区同情景下在此时间段的变化。

在农业区尺度上，21 世纪 90 年代时脆弱等级的上升高于 21 世纪 50 年代（图 3–12）。首先，21 世纪 50 年代时，SCR、YRR 和 HHHR 在四种情景下均呈现为脆弱等级的上升趋势，其中 SCR 和 YRR 的环境脆弱等级上升最高。如 SCR 在 RCP 8.5 情景下平均上升了 0.35 个等级。NECR 和 QTR 在四种情景下均表现为脆弱等级的下降。其他地区的环境脆弱等级在不同情景下的变化不同。

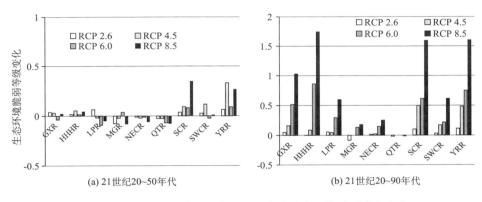

(a) 21世纪20~50年代　　　　　　　(b) 21世纪20~90年代

图 3-12　四种 RCP 情景下农业区尺度上生态环境脆弱等级变化

在 21 世纪 90 年代，多数农业区的环境脆弱等级上升明显，如 HHHR，在 RCP 6.0 和 RCP 8.5 情景下分别上升了 0.86 和 1.74 个等级。SCR、YRR 和 GXR 的上升幅度也较大，在 RCP 8.5 情景下的脆弱等级均上升了 1 个等级以上。LPR、NECR 和 MGR 的环境脆弱等级上升幅度相对较小。最大增幅为 LPR 在 RCP 8.5 情景下脆弱等级的增加，约为 0.60。QTR 与 21 世纪 50 年代一样，依然呈现为脆弱等级的下降，然而下降幅度远小于 21 世纪 50 年代，表明该地区在 21 世纪 50 年代以后也表现为脆弱等级的上升。

二、生态环境脆弱等级空间分布

（一）全国尺度

在全国尺度上，无论是从脆弱等级的个数占比还是面积占比来说，严重脆弱区和重度脆弱区均在 RCP 8.5 情景下最高，且相应脆弱等级的面积占比显著高于个数占比（图 3-13）。这表明严重脆弱区和重度脆弱区主要分布在县域面积较大的西部地区。中度脆弱区的个数占比仍以 RCP 8.5 情景占优势，且其他三种情景下的中度脆弱区个数占比相差不大。而 RCP 8.5 情景下的中度脆弱区面积占比最小，其他三种情景的面积占比差别不大。RCP 2.6 情景下的中度脆弱区略占优势。

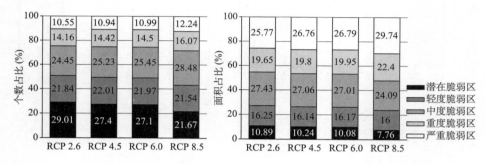

图 3–13　全国尺度下生态环境脆弱度等级的县域个数和面积统计

轻度脆弱区和潜在脆弱区的个数占比明显高于面积占比，这表明这两种脆弱类型主要分布在县域面积较小的东部地区。轻度脆弱区的个数占比在 RCP 4.5 情景下最高，该脆弱类型的面积占比则在 RCP 2.6 情景下最高。潜在脆弱区的个数占比和面积占比均以 RCP 2.6 情景下占优势，分别为 29.01% 和 10.89%。

对于空间分布特征而言，西部地区的生态环境脆弱度等级较高，东部地区的生态环境脆弱度等级较低。这一结果与前面的结论一致。严重脆弱区和重度脆弱区主要分布在西藏、青海、四川西部地区、云南北部地区等。中度脆弱区集中在新疆北部地区、内蒙古、宁夏、甘肃东北部地区、福建、浙江等地。潜在脆弱区和轻度脆弱区主要位于华北平原地区、四川盆地地区、两广南部地区等。对比四种 RCP 情景下的环境脆弱度等级变化，脆弱等级呈现明显升高的地区为华北平原地区，其次东南地区的环境脆弱程度升高也较为明显。

（二）经济区尺度

在中国四大经济区尺度上（图 3–14），RCP 2.6、4.5 和 6.0 三种情景下的生态环境脆弱度等级占比较为相似，特别是东北地区，各县域单元在此三种情景下的脆弱等级并未发生变化。该地区仅包括三种脆弱等级：潜在脆弱区、轻度脆弱区和中度脆弱区。其中以轻度脆弱区占优势，占比高达 55%左右；潜在脆弱区占比也较高，近 38%；中度脆弱区的占比不足 8%。在 RCP 8.5

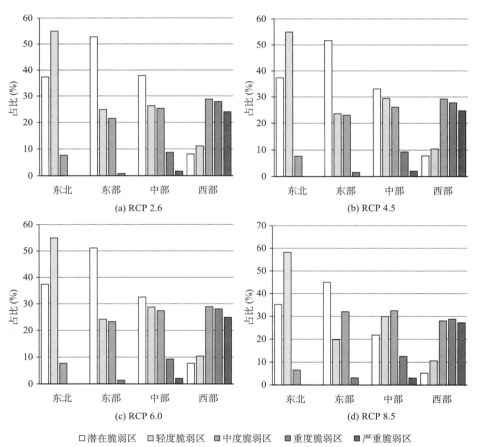

图 3–14　RCP 情景下生态环境脆弱度等级在经济区间上的分布

情景下，东北地区的潜在脆弱区和中度脆弱区的县域个数均呈现下降趋势，而轻度脆弱区占比明显增高。东部地区仍以潜在脆弱区占绝对优势，但是其占比随着碳排放强度的增加而呈缓慢的降低趋势。在 RCP 2.6、4.5 和 6.0 三种情景下的轻度脆弱区占比略高于中度脆弱区，而在 RCP 8.5 情景下则表现为中度脆弱区占比显著大于轻度脆弱区占比。这表明该情景下大面积的轻度脆弱区转变为中度脆弱区。与此同时，重度脆弱区占比随着碳排放强度的增加而呈增长趋势。中部地区在低和中等排放路径下仍以潜在脆弱区占优势，且其占比也随着碳排放强度的增加呈降低趋势。而在高排放路径的 RCP 8.5 情景下，潜在脆弱区显著低于轻度和中度脆弱区；轻度、中度和重度脆弱区占比上升明显；严重脆弱区的变化较小。西部地区的脆弱等级占比在四种情景下的变化较小，均呈现为中度、重度和严重脆弱区最多；轻度和潜在脆弱区占比较小。随着碳排放强度的增加，重度和严重脆弱区呈上升趋势，其他三种脆弱等级变化不甚明显。

从脆弱等级的区域构成来看，各区域对不同脆弱等级的贡献不同（图3–15）。首先，对于潜在脆弱区而言，东部地区占比最高，表明潜在脆弱区主要分布在东部地区。随着碳排放强度增加，东部和东北地区潜在脆弱区比重均在增多。在 RCP 8.5 情景下，东部和东北地区潜在脆弱区占比分别达 51.5%和 12.83%。而中部和西部地区潜在脆弱区占比在不断下降。这表明随着碳排放强度的升高，中部和西部地区的潜在脆弱区更多转为其他脆弱类型。

对于轻度脆弱区而言，各地区的占比相对较为均衡。其中中部地区占比最高，在四种 RCP 情景下的占比介于 30.43~35.08%；其次占比较高的地区为东部，在四种 RCP 情景下的占比介于 22.78%～28.23%；西部和东北地区的轻度脆弱区占比最为接近，徘徊在 20%左右。

中度脆弱区主要集中在西部地区，占比最高可达 49.56%；中部和东部地区占比接近，均在 20%～30%之间；东北地区的中度脆弱区不足 3%，占比最少。随着碳排放强度的增加，西部地区占比减少，而中部和东部地区占比增加。这表明中部和东部地区由其他脆弱类型转为中度脆弱区的速度较快。这两大地区中度脆弱区的占比增加明显。

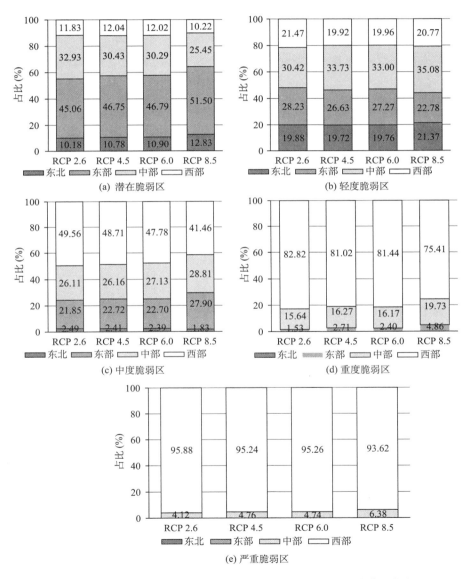

图 3-15 不同 RCP 情景下四大经济区的生态环境脆弱度等级构成

重度脆弱区在西部地区的占比达 80% 左右；中部地区的重度脆弱区占比不足 20%；东部地区的占比更低，不足 5%；东北地区没有呈现重度脆弱区。与中度脆弱区类似，西部地区的重度脆弱区也随碳排放强度的增加呈减少趋势；中部和东部地区的占比在缓慢增加。

严重脆弱区在四大经济区间的分配更为极端，仅在西部和中部地区有分布，且西部占比高达 95% 左右。随着碳排放强度的上升，中部地区的严重脆弱区增加较多，从而造成西部地区严重脆弱区占比减少的现象。

（三）农业区尺度

在 RCP 2.6 情景下，严重脆弱区主要分布在 QTR 和 SWCR，YRR、SCR 和 GXR 也有少量严重脆弱区分布。重度脆弱区在 SWCR 分布较多，其次 YRR、SCR、QTR 和 LPR 也有数量不等的重度脆弱区。中度脆弱区的分布范围较广，除了 HHHR 和 QTR，其他七个农业区均存在中度脆弱区，其中以 YRR 最多，此外 GXR、MGR、SWCR 和 LPR 的中度脆弱区的县域个数相当。

为了对比 RCP 4.5、6.0 和 8.5 情景下各农业区的脆弱等级变化情况，对以上三种情景下五种脆弱等级相对 RCP 2.6 情景下的县域个数变化进行统计（图 3–16）。

潜在脆弱区在 RCP 4.5、6.0 和 8.5 的情景下均表现为县域个数的下降趋势，且辐射强迫水平越高，县域个数下降越明显。对比不同农业区的变化情况可知，YRR 和 HHHR 的潜在脆弱区县域个数下降最多，其次为 LPR、SCR 等。而 QTR、MGR、GXR 和 NECR 变化较小。

轻度脆弱区在不同农业区的变化有所差异。SCR 和 GXR 的轻度脆弱区在 RCP 4.5、6.0 和 8.5 情景下均表现为县域个数的减少，YRR 的轻度脆弱区在 RCP 4.5 和 6.0 情景下呈增加趋势，而在 RCP 8.5 情景下为减少趋势。SWCR 的轻度脆弱区正好相反，在 RCP 4.5 和 6.0 情景下呈减少趋势，而在 RCP 8.5 情景下为增加趋势。QTR 的轻度脆弱区与潜在脆弱区一致，四种 RCP 情景下的脆弱等级并未发生变化。剩余四个农业区的轻度脆弱区整体表现为增多趋势。对比不同农业区的变化幅度来看，HHHR 和 SCR 的变化较为剧烈，特别是 RCP 8.5 情景下，轻度脆弱区的县域个数增加或减少了一半以上。

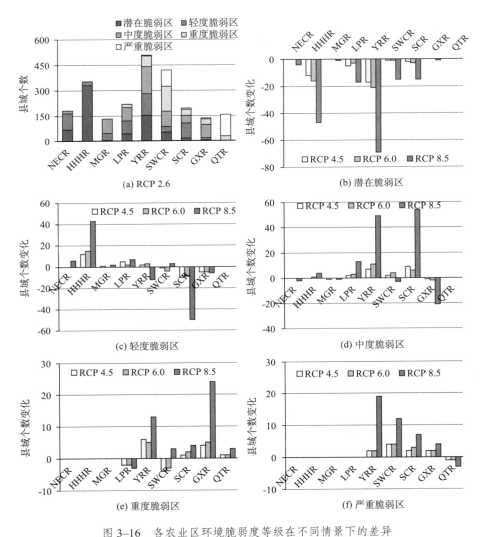

图 3-16　各农业区环境脆弱度等级在不同情景下的差异

注：（a）为 RCP 2.6 情景下环境脆弱度等级在各农业区的分布；（b）～（f）为相较 RCP 2.6 情景，
　　在 RCP 4.5、6.0、8.5 情景下各农业区脆弱等级县域个数的变化。

中度脆弱区在 YRR 和 SCR 两大农业区的增加幅度最大，在 RCP 4.5 和 6.0 情景下约增加 10 个县域；在 RCP 8.5 情景下，中度脆弱区的县域个数增多 50 个左右。GXR 在此三种情景下的中度脆弱区呈减少趋势，在 RCP 8.5 情景下约减少 20 个县域。LPR 的变化幅度也略为明显，在 RCP 4.5、6.0 和 8.5 情景下分别增多 2、3、13 个县域。

重度脆弱区在 RCP 4.5、6.0 和 8.5 情景下多表现为县域个数的增加趋势，如 YRR、SCR、GXR 和 QTR。GXR 在 RCP 8.5 情景下的增加幅度最多，县域个数增多了 24 个。在 RCP 4.5 和 6.0 情景下，YRR 的增幅最大。

严重脆弱区除了在 QTR 表现为县域个数的减少以外，其他地区均呈现为增多趋势（不包括未出现严重脆弱区的 NECR、HHHR、MGR 和 LPR）。SWCR 在 RCP 4.5 和 6.0 情景下的增幅最大；YRR、SCR 和 GXR 的县域增加个数相差不大。在 RCP 8.5 情景下，YRR 的增幅最大，增加了将近 20 个县域，其次为 SWCR，增加了 12 个县域。

整体而言，随着碳排放强度的增加，潜在脆弱区呈下降趋势，重度和严重脆弱区呈上升趋势，而中间三个脆弱等级的变化因地而异。另外，相比 RCP 4.5 和 6.0 情景，RCP 8.5 情景下的变化幅度最大。

（四）省级尺度

RCP 2.6 情景下不同环境脆弱度等级在各省域的分布情景如图 3–17 所示。西藏仍是严重脆弱区的重要分布地区，其次是云南和四川。青海和贵州的严重脆弱区也较多，约为 20 个县域。重度脆弱区主要分布在云南、贵州、广西等，县域个数均超过 40 个。湖南、新疆和甘肃的重度脆弱区也较多，约为 30 个县域。青海和四川则徘徊在 20 个县域左右，其他省份均不超过 10 个县域。中度脆弱区的分布多集中在内蒙古、福建、新疆、陕西、山西、江西和甘肃，中度脆弱的县域个数均超过 40 个。湖南、广东、浙江和四川的中度脆弱区个数介于 21～32。其他省份的中度脆弱区均少于 20 个。轻度脆弱区主要分布于广东、黑龙江和山西，县域个数约为 50 个。江西、内蒙古、浙江和辽宁的轻度脆弱区个数为 30 个县域左右。潜在脆弱区主要位于河北、河南和山东，县域个数甚至超过 100 个。江苏、安徽和四川的潜在脆弱区也较多，介于 48～64。湖北、辽宁和黑龙江的潜在脆弱区也超过 20 个。

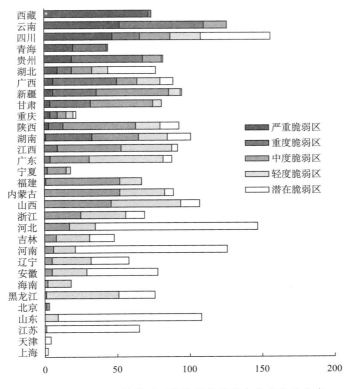

图 3-17　RCP 2.6 情景下环境脆弱度等级在各省份的分布

参考文献

Abid, M., J. Schilling, J. Scheffran *et al*., 2016. Climate Change Vulnerability, Adaptation and

Risk Perceptions at Farm Level in Punjab, Pakistan. *Science of the Total Environment*, 547.

Alwang, J., P. B. Siegel and S. L. Jorgensen, 2001. Vulnerability: A View from Different Disciplines. *Social Protection and Labor Policy and Technical Notes*.

Apreda, C., V. D'Ambrosio and F. Di Martino, 2019. A Climate Vulnerability and Impact Assessment Model for Complex Urban Systems. *Environmental Science and Policy*, 93.

Chapin, F. S., A.D. Mcguire, J. Randerson *et al.*, 2000. Arctic and Boreal Ecosystems of Western North America as Components of the Climate System. *Global Change Biology*, 6 (S1).

Goetz, S. J., A. G. Bunn, G. J. Fiske *et al.*, 2005. Satellite-Observed Photosynthetic Trends across Boreal North America Associated with Climate and Fire Disturbance. *Proceedings of the National Academy of Sciences of the United States of America*, 102(38).

IPCC. 2007. Climate Change 2007: The Physical Science Basis. Working Group I to the Fifth Assessment Report of the Intergovernmental Panel on Climate Change. Cambridge: Cambridge University Press.

Kumar, P., D. Geneletti and H. Nagendra, 2016. Spatial Assessment of Climate Change Vulnerability at City Scale: A Study in Bangolore, India. *Land Use Policy*, 58.

Liu, D., C. Cao, O. Dubovyk *et al.*, 2017. Using Fuzzy Analytic Hierarchy Process for Spatio-Temporal Analysis of Eco-Environmental Vulnerability Change during 1990～2010 in Sanjiangyuan Region, China. *Ecological Indicators*, 73.

Mallari, A. E. C., 2016. Climate Change Vulnerability Assessment in the Agriculture Sector: Typhoon Santi Experience. *Procedia-Social and Behavioral Sciences*, 216.

Nguyen, A. K., Y. Liou, M. Lia *et al.*, 2016. Zoning Eco-Environmental Vulnerability for Environmental Management and Protection. *Ecological Indicators*, 69.

Shao, H., X. Sun, S. Tao *et al.*, 2015. Environmental Vulnerability Assessment in Middle-Upper Reaches of Dadu River Watershed using Projection Pursuit Model and GIS. *Carpathian Journal of Earth and Environmental Sciences*, 10.

Villa, F. and H. McLeod, 2002. Environmental Vulnerability Indicators for Environmental Planning and Decision-making: Guidelines and Applications. *Environmental Management*, 29.

Westerling, A. L., M. G. Turner, E. A. H. Smithwick *et al.*, 2011. Continued Warming could Transform Greater Yellowstone Fire Regimes by Mid-21st Century. *Proceedings of the National Academy of Sciences*, 108(32).

Xu, X., H. Lin, L. Hou *et al.*, 2002. An Assessment for Sustainable Developing Capability of Integrated Agricultural Regionalization in China. *Chinese Geographical Science*, 12(1).

Zhao, J. C., G. X. Ji, Y. Tian *et al.*, 2018. Environmental Vulnerability Assessment for Mainland China based on Entropy Method. *Ecological Indicators*, 91.

付新峰、杨胜天、刘昌明："雅鲁藏布江流域 NDVI 变化与主要气候因子的关系"，《地理研究》，2007 年第 1 期。

梁恒谦、夏保成、刘德林："自然灾害脆弱性研究综述"，《华北地震科学》，2015 年第 1 期。

吴绍洪、戴尔阜、黄玫等："21 世纪未来气候变化情景（B2）下中国生态系统的脆弱性研究"，《科学通报》，2007 年第 7 期。

于翠松："环境脆弱性研究进展综述"，《水电能源科学》，2007 年第 4 期。

赵东升、吴绍洪："气候变化情景下中国自然生态系统脆弱性研究"，《地理学报》，2013 年第 5 期。

第四章　应对气候变化的中国森林碳汇制度

第一节　气候变化下中国植被动态变化

全球气候变化直接影响植物的生长环境，进而影响植物的生长状态。植被伴随着区域水热条件的变化呈现出明显的年际和季节变化特点。从年际和季节尺度分析气候变化背景下中国 400 毫米年降水波动带植被的动态变化情况，可以发现：1982～2015 年中国 400 毫米年降水波动带植被整体呈逐渐上升的变化趋势。秋季植被增加速率最高，其次为春季和夏季，冬季变化最为微弱。空间尺度上，中国 400 毫米年降水波动带中段植被增加趋势最为显著，尤其是陕西、山西、河南、山东和河北的植被变化最为明显。降低趋势最为明显的地区是内蒙古、青海和西藏。

一、植被年尺度空间格局及其变化

植被作为太阳辐射、大气、水体和土壤之间能量传输的纽带，其对涵养水源、保持土壤、调节大气和维持生态系统稳定具有重要作用，被认为是全球气候变化的指示器（Verbeeck et al., 2016）。近年来伴随着遥感技术的飞速发展，遥感数据凭借高时空分辨率成为长时间序列植被变化研究的主要数据源（Rasmus *et al.*, 2012）。图克（Tucker, 1979）认为归一化植被指数（Normalized Difference Vegetation Index，NDVI）与生物量、叶面积指数有较好的相关性，能够精准地反映地表植被生长状况。气候变化背景下过渡带自然要素反应灵敏而维持自然原貌的稳定性较小，系统极易发生演化且一旦发生演化则具有不可逆性。环境敏感而又脆弱，因而量化气候和人类活动在植被演变过程中的影响尤为重要。

气候变化背景下，中国 400 毫米年降水波动带植被的 NDVI 具有明显的空间异质性特征，总体上表现出东南高，西北低，由东南向西北递减的分布规律。年际变化速率均值为 0.45%/十年。这表明中国 400 毫米年降水波动带植被整体呈逐渐上升的变化趋势。NDVI 较高的区域主要分布在内蒙古东北部的大兴安岭林区、河南、陕西南部地区、甘肃、青海和西藏东南部地区。NDVI 较低的区域主要分布在宁夏、甘肃、内蒙古高原、青海和西藏西北部地区。NDVI 增加的区域主要分布在山西、陕西以及山东、河南和河北交界地区；NDVI 降低的区域主要分布在内蒙古东北部地区和青藏高原中部地区。采用 M-K 法对 NDVI 变化趋势的显著性进行检验，呈明显增加且通过显著性检验的区域主要分布在陕西、山西和河南、河北与山东三省交界地区。其植被 NDVI 上升速率介于 2.4%～5.9%/十年。NDVI 值呈明显降低且通过显著性检验的区域主要分布在内蒙古大兴安岭、青海和西藏的中南部。

二、植被季节尺度下变化

从季节尺度来看，春季植被倾向率均值为 0.72%/十年。明显增加的区域主要集中在中国 400 毫米年降水波动带东南边缘的河南、山东和陕西南部。这是由于上述地区春季温度回升较早，加之水分条件较好，致使植被生长季开始较早。植被 NDVI 呈降低趋势的区域主要分布在内蒙古、黑龙江与辽宁三省交界以及西藏西北部。夏季植被 NDVI 的倾向率均值为 0.52%/十年。持续增加的区域以陕西北部、山西和辽宁为主，植被逐渐降低的区域向西推移到内蒙古东北部。此外，夏季西藏中部部分地区植被也存在持续下降的趋势。秋季植被变化速率均值为 0.79%/十年，呈增加的区域与夏季基本一致。而植被 NDVI 降低的区域在空间上西移至内蒙古中部。冬季植被倾向率的均值为 0.003%/十年。植被逐渐增加的区域主要分布在陕西南部和河南、山东与河北三省交界地带。植被降低的区域几乎完全覆盖中国 400 毫米年降水波动带东北部。冬季是四季中植被呈降低趋势所占面积最大的季节。西藏中部地区植被也表现出较为明显的下降趋势。春季和秋季植被呈增长趋势且通过显著性检验（P＜0.05）的区域面积最大，主要集中在陕西、山西、河北和内蒙古南部。冬季植被呈显著增加趋势的面积最小。冬季植被呈下降趋势的区域面积最大。其次为春季和夏季，秋季面积较小。

时间尺度上，1982～2015 年中国 400 毫米年降水波动带植被在秋季的增加速率最高，其次为春季和夏季，冬季变化最为微弱。空间尺度上，中国 400 毫米年降水波动带中段植被增加趋势最为显著，尤其是陕西、山西、河南、山东和河北的植被变化最为明显。降低趋势最为明显的地区是内蒙古、青海和西藏。植被高速增加的区域所在的位置随水热条件的时空变化发生位移，即春季集中在中国 400 毫米年降水波动带东南边缘；夏季和秋季自东南向西北逐渐推移至陕西北部和内蒙古南部；冬季退回中国 400 毫米年降水波动带东南边缘。同样，植被明显降低的区域也存在伴随着季节的变化在空间上推移的现象。

年尺度与季节尺度上植被均呈上升趋势。这一现象与全球干旱区、欧亚大陆、中国和流域等不同尺度上得出的植被变化趋势相一致（袁丽华等，2013；范娜等，2012）。陈驰（Chen *et al*., 2019）指出中国和印度主导了地球"变绿"。中国的植被面积净增加量占到全球的 25%，这也侧面印证了中国植被覆盖状态逐渐好转的现状。这对于减少土壤侵蚀、空气污染和应对气候变化发挥了作用。受印度洋暖湿气流影响，水热条件较好的青藏高原东南部植被状况明显好于西北部，这与相关研究得出的结论一致（卓嘎等，2018）。位于内蒙古东北部的大兴安岭林区植被呈显著下降趋势，这主要是受降水减少和气温显著升高导致蒸发加大、干旱化趋势增大等因素影响（Sun *et al.*, 2004）。青藏高原植被在年尺度和季节尺度下均呈下降趋势，可能是全球气候持续变暖使得该地区春季气温回升较早，加之该地区水资源相对较为充沛，使得区域环境逐渐适宜草地生长，而人们过度放牧又造成了草地退化（许吟隆等，2014）。

三、RCP 情景下植被动态变化

基于中长期历史气候观测资料与遥感数据集可以深入剖析并揭示气候与植被动态、空间差异以及气候变化与植被生态系统之间相互作用的机理。全球气候模式情景数据可以对比分析不同排放强度下气候与植被的动态变化特征以及二者之间耦合作用关系。模拟气候变化可能会引起生态系统的变化（范泽孟等，2019）。任宏昌（2013）基于 BCC_CSM1.1 气候系统模式分析不同排放情景下未来中国叶面积指数（Leaf Area Index, LAI）变化，发现四个排放情景下未来中国植被均呈现出上升的变化趋势。2050 年之前不同排放情境下上升幅度较为接近，之后开始 LAI 变化呈现出较大的差异。李明旭等（2016）探究未来情景下水分利用率与植被之间的关联，发现总初级生产力增加直接促进了水分利用率的增长。赵金彩（2019）基于植被指数、气候、地貌及灌溉条件等维度出发构建地理环境恶劣度评价指标体系，对未来中国大陆生态环境恶劣度及其变化趋势进行了有效评估。薛海源（2015）基于三个陆面过程模式数据分析 RCP8.5 情景下未来气候变化对内蒙古地区的植被影响，发现植被指数 LAI 总体增加趋势，其中共同气候系统模式（Community Climate System Model, CCSM）模拟的 LAI 增长趋势较明显。在未来气温不断上升的情景下，植被与气温之间的相关性明显强于降水。

不难发现，相关学者研究中均捕捉到未来不同情景下中国植被活动具有增强的趋势，且具有较好的持续性。然而，当前研究趋向于采用某种或者几种气候模式数据来模拟未来植被的变化特征。受模型数据精度的影响较大，需要更广泛地引入全球范围内的诸多气候模式模拟数据，以降低模拟数据的不确定性。

第二节　中国森林碳汇的潜力及制度研究

森林生态系统被认为是陆地生态系统中最重要的碳汇。森林碳汇是一种双赢机制，不仅能减缓碳排放，维护生态平衡，同时还能带来经济发展。中国学者普遍对中国森林碳汇的潜力及前景持乐观的态度，并指出内蒙古、云南等地区森林碳汇潜力较大。制度和政策的实施是森林碳汇更好地服务于碳减排的重要保障。当前的森林碳汇制度研究主要包括法律制度、交易机制、生态补偿机制等。

一、森林碳汇的重要性

作为陆地生物圈的主要组成部分，森林生态系统不仅在能源平衡和水循环中起着关键作用，而且在调节气候、碳循环和减缓气候变暖中发挥着重要作用（Pan *et al.*, 2011; Okumura *et al.*, 2015; Chu *et al.*, 2019; Qiu *et al.*, 2019）。据测量，陆地生物圈中大约有 50% 的有机碳可以被森林储存（Chu *et al.*, 2019）。全球森林可使二氧化碳的固存增加 32%（Song *et al.*, 2018）。在 1999 年至 2014 年间中国林地碳汇对总碳汇的贡献超过 90%（Zhang *et al.*, 2018）。《京都议定书》已明确肯定了森林碳汇的减排地位。森林等资源可以作为一个单独的吸收汇形式来实现协议书中规定的减排义务（马鸿若，2015）。因此，森林碳汇被认为是减缓碳排放、增加碳汇的重要手段，成为国际社会认可的应对气候变化的重要策略（Canadell *et al.*, 2008; Pan *et al.*, 2011; Lun *et al.*, 2018; Machado *et al.*, 2015; Lin *et al.*, 2019）。

森林碳汇是一种双赢机制，不仅能减缓碳排放，维护生态平衡，同时还能带来经济发展。相对于工业减排，林业碳汇更具成本有效性，且存在多种效益（Bosch *et al.*, 2017; Ganguly *et al.*, 2018; Chu *et al.*, 2019）。从经济方面来看，发展森林碳汇不仅可以有效提高森林的生态功能，增强其防风固沙，涵养水土的能力，提高当地环境的承载力，还能够在一定程度上提升当地人民的经济收入水平（袁定喜，2015）。森林碳汇项目的实施可以促进贫困对象增产增收，促进贫困地区和贫困人口就业。从社会方面来看，森林碳汇产业的发展将改善农村贫困、农民工就业、农村空心化等问题，带来一定的社会效益（李鹏等，2013；胡忠学，2018）。因此，综合来看，不管是在减缓碳排放还是在促进低碳发展方面，森林碳汇都发挥着重要作用，成为各国极力追求的减排机制。

二、森林碳汇的估算方法

森林生态系统的碳库主要包括生物量和土壤。生物量碳库又分为活生物量（地上生物量、地下生物量）和非活生物量（枯死木、枯落物）。土壤碳库主要指土壤有机碳（田甜等，2020）。关于森林碳汇的估算方法，当前存在一些国际上通用的标准或指南，如清洁发展机制（Clean Development Mechanism, CDM）、造林再造林项目标准（CDM-AR）、《IPCC 2006 年国家温室气体清单指南第四卷（农业、林业和其他土地利用）》、《 IPCC 土地利用、土地利用变化和林业优良做法指南》及《2013 年修订〈京都议定书〉补充办法和良好实践指导》等。中国也颁布了一系列森林碳汇的计量方法，如《造林项目碳汇计量与监测指南》、《碳汇造林项目方法学》、《森林经营碳汇项目方法学》、《竹林经营碳汇项目方法学》等（田甜等，2020）。

以上的方法与指南为森林碳汇评估提供方法学的支撑。然而，基于当前森林碳汇评估的大量研究可以发现，目前有关森林碳汇的计量方法主要有森林蓄积量扩展法、生物量法、生物量清单法、涡旋相关法、涡度协方差法、植物分子式法、碳通量法、植物分子式法等。这些估算方法可大致分为四类：生物量清查法、模型模拟法、遥感估算法和涡度相关通量法（Fang *et al.*, 2005; Guo *et al.*, 2010; Baccini *et al.*, 2012; Dai *et al.*, 2016; 王伟峰等，2016; 郭靖等，2016; He *et al.*, 2017）。

蓄积量法是估算中国森林碳汇时的常用方法，原因是研究对象国家森林资源属于大范围的森林生态系统。其它方法如生物量法、生物量清单法、涡旋相关法、涡度协方差法等都不适合在大范围使用。基于全国森林资源清查数据，利用蓄积量法对 2009～2013 年中国森林碳汇进行计量研究。2009～2013 年，中国森林碳汇总体实物量是增加的。其中人工林的碳汇量增速高于天然林（石小亮等，2015）。森林碳汇潜力估算的另一种重要途径是野外调查结合模型模拟，主要是采用数据模型完成碳汇潜力的模拟评估。森林碳汇计量监测中，对于实际监测中的不可实测部分，不能直接进行调查和测定，可以建立生物量生长模型，检测相关因子，利用数学模型对其进行模拟得到估测值（姜霞等，2016；张厦等，2017）。遥感估算法是在大区域里通过连续、实时和定量观测得出数据进行估算的方法，能提供高分辨率和实时变化数据，及时反映森林碳储量的空间变化，弥补了传统的样地查清法空间分布不连续的特点（郭靖等，2016）。总体来看，以上方法适用于不同地域、空间尺度森林碳汇量的评估，然而要解决评估过程中的尺度转换问题，还需要以上多种方法的综合运用（王伟峰等，2016）。

三、中国的森林碳汇潜力

关于中国森林碳汇潜力的研究，尽管存在研究角度和方法上的一些差异，但模拟结果普遍表明中国有巨大的潜在碳汇。学者们普遍对中国森林的固碳前景持乐观态度（Pregitzer *et al.*, 2004; Stephenson *et al.*, 2014; 崔俊富等, 2015; Yao *et al.*, 2018; Chu *et al.*, 2019; Qiu *et al.*, 2019）。一方面，自 20 世纪 70 年代以来，中国开始实施大规模的造林和再造林计划（Zhou *et al.*, 2014），逐渐成为世界上植树造林面积最大的国家。根据第九次中国森林资源清查统计，森林覆盖率从 20 世纪 70 年代初的 12.70%稳步增长到 2014～2018 年的 22.96%（国家林业和草原局，2019）。另一方面，这些森林具有年轻的林龄结构和较低的生物量碳密度（Piao *et al.*, 2009; Yao *et al.*, 2018）。因此，中国森林碳汇潜力巨大，发展森林碳汇将对中国应对气候变化做出重要贡献（Yao *et al.*, 2018; Qiu *et al.*, 2019）。

对中国森林碳储量的预测结果表明，从 2003 年到 2050 年中国森林植被的碳储量、密度和碳汇迅速增加。中国森林植被碳储量将从 2003 年的 7.7 十亿吨碳（PgC）增加到 2050 年的 15.8 十亿吨碳（PgC），净增加 8.1 十亿吨碳（PgC）。2003 年中国的森林碳密度为 48.19 百万碳/公顷（MgC/ha），至 2050 年将达到 70.43 百万碳/公顷（MgC/ha）。尽管中国森林植被的碳密度迅速增加，但仍略低于全球平均水平。随着中国森林资源数量和质量的不断增加，生态效率将继续提高。中国的植被碳汇从 2003～2008 年的年均 0.15 十亿吨碳/年（PgC/y）增加到 2020～2050 年的年均 0.19 十亿吨碳/年（PgC/y）。据估计，2020 年至 2050 年中国的森林植被将吸收化石燃料消耗碳排放量的 22.14%。这将在未来 30 年内减缓温室气体的增长中发挥重要作用，保障了中国自主减排目标的实现（Qiu *et al.*, 2019）。如果将无林地全部用来造林，2005～2050 年中国森林生态系统可从大气中吸收并固定二氧化碳累计达到 8.4 十亿吨碳（PgC），其中原有森林累计固定 4.9 十亿吨碳（PgC），新造林累计固碳 3.5 十亿吨碳（PgC）（Ma *et al.*, 2011）。

大规模的造林和再造林计划可以增强生态系统碳汇。中国陆续开展的"三北防护林""退耕还林"计划均对中国发展森林碳汇提供了有力支撑。三北防护林地区的森林具有很强的固碳能力。尽管 1990 年至 2015 年三北防护林的总固碳量有所波动并在总体呈下降趋势，年均下降达 1.92%，但是三北防护林土壤、地上生物量、地下生物量和有机质四个碳库的总固碳量在 1990 年和 2015 年分别达到 697.40 十亿吨碳（PgC）和 684.02 十亿吨碳（PgC）（Chu et al., 2019）。中国施行退耕还林的区域 2010 年固碳量达 0.68 十亿吨碳（PgC），累计固碳量在 2020、2030、2040、2050 年分别达到 1.70、2.64、3.44、4.12 十亿吨碳（PgC），将抵消中国年均碳排放的 3%～5%（Deng et al., 2017）。

中国的森林碳储量主要集中在西南和东北地区（Qiu et al., 2019）。内蒙古、云南、四川和黑龙江等省将成为中国未来重要的碳增汇区域，对减缓碳排放贡献较大。其中，排在首位的内蒙古森林碳汇发展潜力显著，远高于其他省份。地处东部地区的山东、江苏两省的现有森林以及造林碳汇潜力均较弱，而新疆、青海等内陆省份虽地域广阔，但受气候、土壤等自然地理条件的限制，其森林生态系统的净固碳潜力十分有限（Ma et al., 2011；续珊珊，2015）。

四、森林碳汇的相关制度

中国林业局对外公布的《省级林业应对气候变化 2017～2018 年工作计划》指出，加强森林生态系统保护和建设、增加森林碳汇、控制林业温室气体排放及提高林业适应能力等已列入国家战略和规划（国家林业和草原局，2017）。可以预见，森林恢复在未来应对气候变化的工作中将发挥更大的作用（田甜等，2020）。然而，要使森林碳汇更好地服务于碳减排，发挥应有的社会和经济效益，就需要有制度或政策的保障与支持。近些年来，为了发展碳汇项目、规范碳交易市场，中国制定了一系列的法律规定，如《清洁发展机制项目运行管理办法》《关于加强林业应对气候变化及碳汇管理工作的通知》《应对气候变化的林业行动计划》等（马鸿若，2015）。尽管这些法律规定提升了森林碳汇项目的可行性，但这些规定比较零散，且不完善，未能对碳汇项目的顺利展开提供完善的法律保障。

　　基于森林碳汇的制度研究可以发现，当前森林碳汇的制度研究主要涉及法律制度、生态补偿机制、交易机制等。基于森林碳汇制度的现状，应从森林碳汇产权法律制度、森林碳汇生态补偿法律制度、森林碳汇交易法律制度等方面构建和进一步完善中国的森林碳汇法律制度（马鸿若，2015）。结合国内外碳交易现状及经济社会发展实际，中国应实施"两步走"的森林碳汇交易战略，即近期开展全国范围内的自愿碳交易市场，条件成熟后逐步开展约束碳交易市场（漆雁斌等，2014）。森林碳汇生态补偿的实现涉及项目备案、减排量备案、减排量交易和碳汇生态补偿获取四个阶段。减少毁林和森林退化的森林经营项目（Reduce Emissions from Deforestation and Forest Degradation，REDD+）机制是森林碳汇生态补偿市场化实现的主要政治和法律依据之一。它是指以"有偿环境服务机制"为基础，以量化的经济方式对提供生产环境服务的人给予奖励，对愿意且能减少因毁林造成碳排放的国家给予财政补偿，旨在减少发展中国家由于毁林和森林退化等导致的碳排放（王爽等，2013）。中国现行的森林生态补偿机制还不健全，主要表现为森林生态效益补偿基金融资渠道单一（主要为政府购买）、市场手段和机制运用不足（李华等，2018）。

第三节　REDD+机制及在中国的推进

　　通过增强森林固碳能力，减少森林砍伐和退化造成的温室气体排放，即REDD+机制。REDD+的目标是从发达国家筹集资金，帮助发展中国家减少毁林造成的温室气体排放。目前REDD+应对气候变化的有效性已得到肯定，并且REDD+相关的一些基本问题已经获得共识，包括毁林和森林退化的监测报告与核查（Monitoring, Reporting, Verification, MRV）、碳排放参考水平的确定、机会成本的补偿标准和融资额度以及 REDD+带来的社会效益和生态效益。尽管如此，REDD+在实施过程中仍然遇到很多阻力和挑战。

一、REDD+研究背景

气候变化已经成为人类关注的最重要话题。引起气候变化的一个重要因素是人类活动导致的二氧化碳浓度增加。对发展中国家而言，由于毁林活动造成的碳排放占总碳排放的 1/3 左右（WRI, 2005）。例如，霍顿（Houghton, 2003）估计 20 世纪 90 年代热带雨林地区毁林碳排放速率约为 2.2±0.8 十亿吨碳每年。德夫列斯等（Defries *et al.*, 2002）使用霍顿（Houghton,1999）同样的方法，基于卫星遥感数据，得到的碳排放速率为 1.0（0.5～1.6）$GtCa^{-1}$。有科学家估计该地区由于二氧化碳施肥效应造成的固碳增加为 0.5～1.0 $GtCa^{-1}$（Taylor *et al.*, 1992）。因此，由于数据和方法的不同，热带雨林地区可能被认定为碳源，也可能被认定为是碳汇。而且，碳源汇的表现因季节、年份和地区而异（Dai *et al.*, 1993）。

2012 年 12 月，在多哈世界气候峰会上，与会国一致认为：依据联合国气候变化框架公约（United Nations Framework Convention on Climate Change, UNFCCC），在发展中国家通过积极的激励或补偿措施，减少由森林砍伐和退化造成的温室气体排放，同时增强森林的固碳能力，即 REDD+，可以有效应对全球气候变化（Zarin *et al.*, 2009；Springate-Baginski *et al.*, 2010）。REDD+的目标是从发达国家筹集资金，帮助发展中国家减少毁林造成的温室气体排放。其核心是利用市场机制鼓励发展中国家减少森林破坏和防止森林退化，同时允许这些国家通过碳市场获得相应的收入。REDD+执行的关键在于国际组织、参与国家、当地政府、当地居民、投资方和碳交易者的紧密合作与积极参与（Angelsen, 2008; Lu *et al.*, 2012; Cortez *et al.*, 2009）。虽然 REDD+机制的细节还没有最终确定，但是一些基本问题已经获得共识，包括毁林和森林退化的监测报告和核查（MRV）、碳排放参考水平的确定、机会成本的补偿标准和融资额度以及 REDD+带来的社会效益和生态效益。

土地利用变化是造成森林砍伐的主因，也使它成为执行 REDD+的关键因素。1990 年全球变化人文领域计划（International Human Dimensions Programme on Global Environmental Change, IHDP）第一次学术会议把土地利用/覆被变化确定为六大研究方向之一。1995 年，由隶属于"国际科学联合会（International Council for Science, ICSU）"的"国际地圈—生物圈计划（International Geosphere-Biosphere Program, IGBP）"和隶属于"国际社会科学联合会（International Social Science Council, ISSC）"的 IHDP 共同拟定了为期十年的"土地利用/覆被变化科学研究计划"，作为国际全球变化研究的一项核心计划（Turner *et al.*, 1995）。

二、REDD+研究进展

REDD+是 2015 年 12 月在《联合国气候变化框架公约》（*United Nations Framework Convention on Climate Change, UNFCCC*）第 21 次缔约方大会上达成的《巴黎协定》的一部分，但关于 REDD+是否有效以及带来多重效益的问题仍然存在激烈争论。这与 REDD+利益相关者之间的公平观念、产权的复杂性以及利益相关者参与 REDD+的脆弱意愿有关（Pasgaard *et al.*, 2016）。

REDD+在实施过程中遇到很多阻力。例如在尼日利亚地区，UN-REDD+政策委员会和 REDD+的当地代表不具有实质性，参与只是象征性的。表面上代表农村人民的地方政府当局既没有出现在 UN-REDD+委员会，也没有被邀请参加审查尼日利亚 REDD+的参与论坛。他们被排除在外，因为他们在政治上很弱（Nuesiri, 2017）。洛夫等（Loft *et al.*, 2017）回顾了 13 个 REDD+候选国家实施 REDD+的现实情况以及与 REDD+政策和利益分享相关的风险，发现所研究的所有国家的 REDD+政策都存在无效、不公平和低效的高风险。围绕碳市场的讨论是最受争议的，并且与 REDD+效率相关的乐观情绪随着时间的推移而下降（Gebara *et al.*, 2017）。影响 REDD+实施的因素有很多。对于决策者来说，决策者需要考虑多种因素来设计不同市场力量结构下的异构 REDD+激励。这些因素包括碳排放信用的价格、机会成本、努力的产出弹性、成本系数和全要素生产率（Sheng *et al.*, 2016）。

另外，REDD+融资难度较大。以拉丁美洲地区 REDD+融资计划为例。非正式立法在 REDD +规则制定中比国际形式法具有更重要的作用，并且已经证明了法律和实践效果。但是，非正规性也会使捐助国和受援国之间的权力关系倾斜。这可能会危及跨国规则制定的合法性（Recio, 2018）。根据巴西、印度尼西亚、坦桑尼亚和越南 4 国 REDD+非市场筹资情况来看，REDD+项目存在融资数量少、承诺资金难以落实、资金监管成本高等问题（冯琦雅等，2016）。REDD+成本分摊问题还未得到很好地解决。参与 REDD +实施的许多组织，特别是在国家以下一级的政府和公共部门，都承担着 REDD+计划预算未涵盖的实施成本。为了维持这种成本分摊水平，REDD+必须旨在提供本地和全球森林效益（Luttrell *et al.*, 2018）。REDD+的融资问题也在探索出新的解决方法。在私营部门实体和保护组织之间日益参与的背景下，REDD+出现了私营部门投资。尽管国际规模发展缓慢，私营部门仍然对 REDD+感兴趣，并继续对 REDD+项目和倡议进行自愿投资。作为碳抵消，REDD+提供的投资动力不足，特别是如果存在更便宜的替代品（Laing *et al.*, 2016）。通过对 162 项国家自主贡献预案（国家自愿捐款）或气候行动计划进行分析，以评估各国是否以及如何在实施《巴黎协定》时使用 REDD+，发现 REDD +继续具有政治吸引力。许多热带国家仍然对 REDD+抱有期望，并希望公共和私人捐助者支持长期资金不足的国内保护计划（Hein *et al.*, 2018）。

管理与利益划分问题是 REDD+面临的重要挑战。发现 REDD+的重要多层次治理挑战与许多方面有关。例如，纵向协调和信息共享以及跨部门紧张局势，还有在问责制、公平和正义方面的关注（Ravikumar *et al.*, 2015）。更大的机构协调、公平的利益分享机制、更高的社区监测、报告和核查能力是REDD+需要改变的关键领域（Newton *et al.*, 2015）。腐败程度的增加可能会减少减排，从而减少对 REDD+计划的投资。根据这一分析，研究者提出：建立可信、透明和有效的治理结构，建立公平透明的利益分享机制，以及在REDD+计划中使用市场机制避免腐败（Sheng *et al.*, 2016）。除了围绕资金、实施后勤、腐败、利益相关者参与和买入的问题之外，利益相关者还在努力解决官僚主义和对 REDD+缺乏信心的问题（Enrici *et al.*, 2019）。另外，REDD+在实施过程中似乎映射到了地方权力的结构和政治经济，使其变成了变革的工具。因此，必须仔细审查 REDD+作为全球气候制度中"解决方案"的潜力，以及绿色经济所支持的其他类似机制（Milne *et al.*, 2019）。

REDD+的实施也带来了积极作用。尼泊尔这样的国家可以从 REDD+中获益，并对包括贫困家庭和边缘化家庭在内的社区的生计产生影响。因为通过建立一个包含 MRV 的 REDD+框架，确保在地方、景观或次国家层面上实现净温室气体减排，从而实现积极的激励（Sharma *et al.*, 2015）。REDD+支付为最贫困家庭提供了经济利益，但支付给家庭经济的贡献非常有限，不足以投资于改善生计的活动。REDD+支付在一定程度上有助于减少家庭之间的收入不平等（Shrestha *et al.*, 2017）。通过对来自尼泊尔两个流域 600 户家庭的试点调查发现，受访者对 REDD+目标认知程度的影响因素包括受访者的年龄、家庭经济状况以及私人土地贡献的木柴和饲料需求比例。此外，超过 95%的受访家庭愿意在社区森林中采用 REDD+（Pandit, 2018）。

三、中国 REDD+推进

为积极参与全球 REDD+机制试点示范，中国已陆续开展了 REDD+国家战略研究（荆珍，2015）、REDD+项目机会成本差异（李茜等，2018）、森林碳汇产权立法及相关政策研究、碳税政策支持碳汇林业发展及林业碳汇交易政策（张莹，2019）等基础理论研究，为中国林业应对气候变化工作提供科学支撑。北京市自 2007 年底开始开展林业碳汇工作，至今已在政策制定、机构建设、技术体系建设、碳汇计量监测、项目试点示范、公众宣传与能力建设、碳汇交易市场培育和北京碳汇管理等方面取得了一定的工作成效（何桂梅等，2014）。此外，在大自然保护协会（The Nature Conservancy, TNC）等非政府组织的倡导下，广西、云南和内蒙古等地已经实施了六个以减缓气候变化为目的的造林项目（雪明，2014）。雪明（2014）以广西珠江流域造林项目和内蒙古敖汉旗防治荒漠化造林项目为研究对象，对其碳效益的测量方法以及效益、效率、公平（Effectiveness, Efficiency, Equity, 3E）效应进行研究。研究表明，这两个项目能够满足气候效益的要求，具有碳效益额外性，并且项目发生非持久性的风险处于低等级。盛济川等（2015）研究发现中国森林碳减排量主要受人均地区生产总值、人口自然增长率、人口密度、农业总产值以及林业总产值五个因素影响。人均地区生产总值对森林碳减排水平提升具有阻碍作用，并且呈现出东北向西南递减的趋势。而人口密度同样具有阻碍作用，并呈现出从西向东递增的趋势。人口自然增长率对于森林碳减排水平提升在东北地区具有促进作用，而在西南区域则具有阻碍作用。农业发展对森林碳减排水平提升具有促进作用，并具有从东向西递减的趋势。林业发展对森林碳减排水平提升具有促进作用，呈现出从西南向东北递减的趋势。张莹（2019）指出广西珠江流域治理再造林项目的实施达到了多赢效果。在经济方面，创造了可观的经济收入，减少了区域贫困度。在社会效益方面，为当地农民提供了大量的培训机会。通过引进国内外先进的林业技术及项目管理经验，提高农户的生产技能和管理能力。在生态效益方面，再造林项目的实施保护了生物多样性，改善了空气质量，提高了对气候的适应能力，鼓励居民投资于可持续的土地使用。

参考文献

Angelsen, A., 2008. *Moving Ahead with REDD: Issues, Options and Implications*. CIFOR Press.

Baccini, A., S. J. Goetz, W. S. Walker, et al., 2012. Estimated Carbon Dioxide Emissions from Tropical Deforestation Improved by Carbon-Density Maps. *Nature Climate Change*, 2.

Bosch, M., P. Elsasser, J. Rock, et al., 2017. Costs and Carbon Sequestration Potential of Alternative Forest Management Measures in Germany. *Forest Policy and Economics*, *78*.

Canadell, J., M. Raupach, 2008. Managing Forests for Climate Change Mitigation. *Science*, 320(5882).

Chen, C., T. Park., X. H. Wang et al., 2019. China and India Lead in Greening of the World through Land-Use Management. *Nature Sustainability*, 2.

Chu, X., J. Zhan, Z. Li et al., 2019. Assessment on Forest Carbon Sequestration in the Three-North Shelterbelt Program Region, China. *Journal of Cleaner Production*, 215.

Cortez, R., P. Stephen., 2009. Introductory Course on Reducing Emissions from Deforestation and Forest Degradation (REDD): A Participant Resource Manual. The Nature Conservancy.

Dai, A. G., I. Fung, 1993. Can Climate Variability Contribute to the "Missing" CO_2 Sink? *Global Biogeochemical Cycles*, 7.

Dai, E., Z. Wu, Q. Ge et al., 2016. Predicting the Responses of Forest Distribution and Aboveground Biomass to Climate Change under RCP Scenarios in Southern China. *Global Change Biology*, 22.

Defries, R. S., R. A. Houghton, M. C. Hansen et al., 2002. Carbon Emissions from Tropical Deforestation and Regrowth based on Satellite Observations for the 1980s and 1990s. *Proceedings of The National Academy of Sciences of the United States of America*, 99.

Deng, L., S. Liu, D. G. Kim et al., 2017. Past and Future Carbon Sequestration Benefits of China's Grain for Green Program. *Global Environment Change*, 47.

Enrici, A., K. Hubacek., 2019. A Crisis of Confidence: Stakeholder Experiences of REDD plus in Indonesia. *Human Ecology*, 47 (1).

Fang, J., T. Oikawa, T. Kato et al., 2005. Biomass Carbon Accumulation by Japan's Forests from 1947 to 1995. *Global Biogeochemical Cycles*, 19.

Ganguly, D., G. Singh, R. Purvaja et al., 2018.Valuing the Carbon Sequestration Regulation Service by Seagrass Ecosystems of Palk Bay and Chilika, India. *Ocean and Coastal Management*, 159.

Gebara, M. F., P. H. May, R. Carmenta et al., 2017. Framing REDD+ in the Brazilian National

Media: How Discourses Evolved Amid Global Negotiation Uncertainties. *Climatic Change*, 141(2).

Guo, Z., J. Fang, Y. Pan et al., 2010. Inventory-Based Estimates of Forest Biomass Carbon Stocks in China: A Comparison of Three Methods. *Forest Ecology and Management*, 259.

He, N., D. Wen, J. Zhu et al., 2017. Vegetation Carbon Sequestration in Chinese Forests from 2010 to 2050. *Global Change Biology*, 23.

Hein, J., A. Guarin, E. Fromme et al., 2018. Deforestation and the Paris Climate Agreement: An Assessment of REDD Plus in the National Climate Action Plans. *Forest Policy and Economics*, 90.

Houghton, R. A., 1999. The Annual Net Flux of Carbon to the Atmosphere from Changes in Land Use 1850～1990. *Tellus*, 51B.

Houghton, R. A., 2003. Revised Estimates of the Annual Net Flux of Carbon to the Atmosphere from Changes in Land Use and Land Management 1850～2000. *Tellus*, 55B.

Laing, T., L. Taschini, C. Palmer., 2016. Understanding the Demand for REDD Plus Credits. *Environmental Conservation*, 43(4).

Lin, B., J. Ge, 2019. Valued Forest Carbon Sinks: How Much Emissions Abatement Costs could be Reduced in China. *Journal of Cleaner Production*, 224.

Loft, L., T. T. Pham, G. Y. Wong et al., 2017. Risks to REDD Plus: Potential Pitfalls for Policy Design and Implementation. *Environmental Conservation*, 44(1).

Lu, H., G. Liu., 2012. A Case Study of REDD+ Challenges in the Post-2012 Climate Regime: The Scenarios Approach. *Natural Resources Forum*, 36.

Lun, F., Y. Liu, L. He et al., 2018. Life Cycle Research on the Carbon Budget of the Larix Principis-Rupprechtii Plantation Forest Ecosystem in North China. *Journal of Cleaner Production*, 177.

Luttrell, C., E. Sills, R. Aryani et al., 2018. Beyond Opportunity Costs: Who Bears the Implementation Costs of Reducing Emissions from Deforestation and Degradation? *Mitigation and Adaptation Strategies for Global Change*, 23(2).

Ma, X., W. Zheng, 2011. Estimation of Provincial Forest Carbon Sink Capacities in Chinese Mainland. *Chinese Science Bulletin*, 56.

Machado, R. R., S. V. Conceição, H. G. Leite et al., 2015. Evaluation of Forest Growth and Carbon Stock in Forestry Projects by System Dynamics. *Journal of Cleaner Production*, 96.

Milne, S, S. Mahanty, P. To et al., 2019. Learning from "Actually Existing" REDD+: A Synthesis of Ethnographic Findings. *Conservation and Society*, 17(1).

Newton, P., B. Schaap, M. Fournier et al., 2015. Community Forest Management and REDD,. *Forest Policy and Economics*, 56.

Nuesiri, E. O., 2017. Feigning Democracy: Performing Representation in the UN-REDD Funded Nigeria-REDD Programme. *Conservation and Society,* 15(4).

Okumura, M. H., A. Passos, B. Nader et al., 2015. Improving the Monitoring, Control and Analysis of the Carbon Accumulation Capacity in Legal Reserves of the Amazon Forest. *Journal of Cleaner Production*, 104.

Pan, Y., R. Birdsey, J. Fang et al., 2011. A Large and Persistent Carbon Sink in the World's Forests. *Science*, 333.

Pandit, R., 2018. REDD Plus Adoption and Factors Affecting Respondents' Knowledge of REDD Plus Goal: Evidence from Household Survey of Forest Users from REDD Plus Piloting Sites in Nepal. *Forest Policy and Economics*, 91(SI) .

Pasgaard, M, Z. Sun, D. Muller et al., 2016. Challenges and Opportunities for REDD Plus: A Reality Check from Perspectives of Effectiveness, Efficiency and Equity. *Environmental Science and Policy*, 63.

Piao, S., J. Fang, P. Ciais et al., 2009. The Carbon Balance of Terrestrial Ecosystems in China. *Nature*, 458.

Pregitzer, K.S. and E.S. Euskirchen, 2004. Carbon Cycling and Storage in World Forests: Biome Patterns Related to Forest Age. *Global Change Biology*, 10.

Qiu, Z., Z. Feng, Y. Song et al., 2019. Carbon Sequestration Potential of Forest Vegetation in China from 2003 to 2050 Predicting Forest Vegetation Growth based on Climate and the Environment. *Journal of Cleaner Production*, 252.

Rasmus, F., R. P. Simon, 2012. Evaluation of Earth Observation Based Global Long Term Vegetation Trends-Comparing GIMMS and MODIS Global NDVI Time Series. *Remote Sensing of Environment*, 119.

Ravikumar, A., A. M. Larson, A. E. Duchelle et al., 2015. Multilevel Governance Challenges in Transitioning Towards a National Approach for REDD Plus: Evidence from 23 Subnational REDD Plus Initiatives. *International Journal of the Commons*, 9(2).

Recio, M. E., 2018.Transnational REDD plus Rule Making: The Regulatory Landscape for REDD Plus Implementation in Latin America. *Transnational Environmental Law*, 7(2).

Sharma, S.K, K. Deml, S. Dangal et al., 2015. REDD Plus Framework with Integrated Measurement, Reporting and Verification System for Community Based Forest Management Systems (CBFMS) in Nepal. *Current Opinion in Environmental Sustainability*, 14.

Sheng, J. C., X. Han, H. Zhou et al., 2016. Effects of Corruption on Performance: Evidence from the UN-REDD Programme. *Land Use Policy*, 59.

Shrestha, S., U. B. Shrestha and K. S. Bawa, 2017. Contribution of REDD Plus Payments to the Economy of Rural Households in Nepal. *Applied Geography*, 88.

Song, Z., H. Liu, C. A. E. Stromberg et al., 2018. Contribution of Forests to the Carbon Sink via Biologically-Mediated Silicate Weathering: A Case Study of China. *Science of Total Environment*, 615.

Springate-Baginski, O. and E. Wollenberg, 2010. *REDD, Forest Governance and Rural Livelihoods: The Emerging Agenda*. CIFOR.

Stephenson, N. L., A. J. Das, R. Condit et al., 2014. Rate of Tree Carbon Accumulation Increases Continuously with Tree Size. *Nature*, 507(12914).

Sun, Y. G., R. H. Bai and A. Xie, 2004. Interdecadal Variations of Droughts in Northeastern China. *Acta Scicentiarum Naturalum Universitis Pekinesis*, 40.

Taylor, J. A. and J. Lloyd, 1992. Sources and Sinks of CO_2. *Australian Journal of Botany*, 10.

Tucker, C. J., 1979. Red and Photographic Infrared Linear Combinations for Monitoring Vegetation. *Remote Sensing of Environment*, 8.

Turner, B. L., D. Skole, S. Sanderson et al., 1995. *Land-Use and Land-cover Change Science/Research Plan. Joint Publication of the International Geosphere-Biosphere Programme (Report No. 35) and the Human Dimensions of Global Environmental Change Programme (Report No. 7)*. Royal Swedish Academy of Sciences.

Verbeeck, H. and E. Kearsley, 2016. The Importance of Including Lianas in Global Vegetation Models. *Proceedings of the National Academy of Sciences of the United States of America*, 113.

WRI, 2005. *Navigating the Numbers: Greenhouse Gas Data 2005. World Resources Institute*.

Yao, Y., S. Piao and T. Wang, 2018. Future Biomass Carbon Sequestration Capacity of Chinese Forests. *Science Bulletin*, 63.

Zarin, D., A. Angelsen, S. Brown et al., 2009. *Reducing Emissions from Deforestation and Forest Degradation (REDD): An Options Assessment Report. Prepared for the Government of Norway*. Meridian Institute.

Zhang, P., J. He, X. Hong et al., 2018. Carbon Sources/Sinks Analysis of Land Use Changes in China based on Data Envelopment Analysis. *Journal of Cleaner Production*, 204.

Zhou, W., B. J. Lewis, S. Wu et al., 2014. Biomass Carbon Storage and Its Sequestration Potential of Afforestation under Natural Forest Protection Program in China. *Chinese Geographical Science*, 24.

崔俊富、苗建军、陈金伟："低碳经济与中国碳汇发展研究——基于森林碳汇、土壤碳汇和地质碳汇的讨论"，《华北电力大学学报（社会科学版）》，2015年第4期。

范娜、谢高地、张昌顺等："2001年至2010年澜沧江流域植被覆盖动态变化分析"，《资源科学》，2012年第7期。

范泽孟、范斌、岳天祥："欧亚大陆植被生态系统潜在分布情景及其对气候变化的响应"，《中国科学：地球科学》，2019年第11期。

郭靖、张东亚、玉苏普江·艾麦提等："遥感估算法在森林碳汇估算中的应用进展",《防护林科技》,2016 年第 1 期。

国家林业和草原局："省级林业应对气候变化 2017～2018 年工作计划",《国家林业和草原局》,2017 年。

国家林业和草原局："中国森林资源报告（2014～2018）",中国林业出版社,2019 年。

何桂梅、张峰、于海群等："REDD+机制对中国林业可持续发展促进作用的探讨——基于北京林业碳汇发展的案例分析",《林业资源管理》,2014 年第 5 期。

胡忠学："森林碳汇的社会效益和经济效益分析",《南方农业》,2018 年第 33 期。

姜霞、黄祖辉："经济新常态下中国林业碳汇潜力分析",《中国农村经济》,2016 年第 11 期。

荆珍："全球森林治理：机制、机构、理念、前景"（博士论文）,吉林大学,2015。

李华、陈飞平："中国森林碳汇交易市场分析",《农业与技术》,2018 年第 302 期。

李明旭、杨延征、朱求安等："气候变化背景下秦岭地区陆地生态系统水分利用率变化趋势",《生态学报》,2016 年第 4 期。

李鹏、张俊飚："森林碳汇与经济增长的长期均衡及短期动态关系研究——基于中国 1998～2010 年省级面板数据",《自然资源学报》,2013 年第 11 期。

李茜、芮晓东、杨红强："中国退耕还林项目机会成本的差异：基于 REDD+成本异质性的借鉴",《林业经济》,2018 年第 8 期。

马鸿若："论中国森林碳汇法律制度"（博士论文）,山东师范大学,2015 年。

漆雁斌、张艳、贾阳："中国试点森林碳汇交易运行机制研究",《农业经济问题》,2014 年第 4 期。

任宏昌："基于卫星遥感和 BCC_CSM1.1 模式模拟的叶面积指数变化特征分析"（硕士论文）,南京信息工程大学,2013 年。

盛济川、周慧、苗壮："REDD+机制下中国森林碳减排区域影响因素研究",《中国人口·资源与环境》,2015 年第 11 期。

石小亮、陈珂、鲁晨曦："中国森林碳汇服务价值评价",《中南林业科技大学学报（社会科学版）》,2015 年第 5 期。

田甜、白彦锋、张旭东等："森林碳汇与森林恢复评价刍议",《林业科技通讯》,2020 年 1 月 19 日。

王爽、武曙红、于天飞等："REDD＋机制各缔约方观点总结分析及中国对策建议",《世界林业研究》,2013 年第 4 期。

王伟峰、段玉玺、张立欣等："适应全球气候变化的森林固碳计量方法评述",《南京林业大学学报（自然科学版）》,2016 年第 3 期。

许吟隆、郑大玮、刘晓英等："中国农业适应气候变化关键问题研究",气象出版社,2014 年。

续珊珊："基于因子分析法的中国森林碳汇潜力评价",《林业资源管理》,2015 年第 2

期。

薛海源："内蒙古植被对当代和未来气候变化的响应"（硕士论文），南京信息工程大学，2015 年。

雪明："中国 REDD+项目管理体系的构建"（博士论文），北京林业大学，2014 年。

袁定喜："中国碳汇贸易价格形成机制研究"（博士论文），南京林业大学，2015 年。

袁丽华、蒋卫国、申文明等："2000～2010 年黄河流域植被覆盖的时空变化"，《生态学报》，2013 年第 24 期。

张厦、朱秩辉："简述中国碳汇监测体系的发展"，《中国林业经济》，2017 年第 2 期。

张莹："森林碳汇项目对区域减贫影响的研究——以大兴安岭图强碳汇造林项目为例"（硕士论文），东北林业大学，2019 年。

赵金彩："气候变化背景下未来中国水资源供应安全评估"（博士论文），华东师范大学，2019 年。

卓嘎、陈思蓉、周兵："青藏高原植被覆盖时空变化及其对气候因子的响应"，《生态学报》，2018 年第 9 期。

下　篇
气候变化下的人地关系协调与治理

第五章　人地关系的社会经济影响评估模型简述

第一节　全球主要人地关系评估模型介绍

气候变化是一个全球性问题，它影响到世界所有区域和全球经济的所有部门。因此，任何对气候变化威胁的反应，例如限制温室气体排放的政策或国际协定，都可能产生对整个能源系统以及土地使用和土地覆盖的广泛影响。国际上大多采用综合评估模型来评估气候变化及其应对人地关系的影响。综合评估模型（Integrated Assessment Model, IAM）可以在经济框架内代表世界所有区域和所有经济部门、能源、土地利用、气候损失等。模型还能描述减缓气候行动的潜在影响。国内外都充分发展了体系化的 IAM 模型。

一、国际主流的模型

（一）IIASA 模型体系及 MESSAGE 模型

气候变化情景 RCP 8.5（Representative Concentration Pathways 8.5）情景是由奥地利国际应用系统分析研究所（International Institute for Applied Systems Analysis, IIASA）下属的 MESSAGE 建模团队开发的中长期能源系统

规划、能源政策分析和情景开发建模框架。国际应用系统分析研究所（IIASA）是一个独立的国际研究机构，在非洲、美洲、亚洲和欧洲设有国家成员组织。该研究所通过其研究项目和倡议，对规模过大或过于复杂的问题进行政策性研究，包括影响全人类未来的紧迫问题，如气候变化、能源安全、人口老龄化和可持续发展（Riahi *et al.*, 2007）。

替代能源供给系统和环境影响模型（Model for Energy Supply System Alternatives and Their General Environmental Impact, MESSAGE）是建模框架的核心。它为全面评估主要能源挑战提供了一个灵活的框架，并广泛用于制定能源情景和确定这些挑战的社会经济和技术应对战略挑战。MESSAGE 的建模框架和结果主要为国际评估和情景研究提供参考信息，如政府间气候变化专门委员会（气专委）、世界能源理事会（World Energy Council, WEC）、德国全球变化咨询委员会（Wissenschaftlicher Beirat der Bundesregierung Globale Umweltveranderungen, WBGU），欧盟委员会（European Commission, EC），以及最近的全球能源评估（Global Energy Assessment, GEA）。

MESSAGE 的方案分析主要应用于两个领域：1. 描述未来的不确定性；2. 制定可靠的技术策略和相关投资组合，以满足用户指定的一系列政策目标。典型的情景产出可以提供关于国内资源利用，能源进口、出口以及与贸易有关的货币流动、投资需求、选定的生产或转换技术类型的信息替代、污染物排放（传统的室内和室外空气污染物以及温室气体）与燃料间替代过程，以及主要、次要、最终和有用能源的时间轨迹。MESSAGE 还越来越多地用于对能源需求问题进行详细分析，例如用于对住宅部门能源获取的政策分析。

为了系统地应对重大全球挑战，整合部门模式是一个关键问题。传统上用于能源供应、需求和最终用途分析的分离工具，以及"自上而下"和"自下而上"的分析已越来越多地集成起来或与 MESSAGE 关联到一个整体模型框架中，从而进行相互评估和反馈分析。

（二）GCAM 模型体系及 MiniCAM 模型

全球变化评估模型（Global Change Assessment Model, GCAM）已在美国太平洋西北国家实验室（Pacific Northwest National Laboratory, PNNL）开发超过 20 年，现在是一个免费的社区模型。RCP 4.5 情景由太平洋西北国家实验室联合全球变化研究所（Joint Global Change Research Institute, JGCRI）的 MiniCAM 建模团队开发。JGCRI 是全球变化评估模式的母体和主要发展机构，是探索全球变化后果和对策的综合评估工具（Wise *et al.*,2009）。JGCRI 的团队由经济学家、工程师、能源专家、森林生态学家、农业科学家和气候系统科学家组成。他们开发该模型并将其应用于一系列科学和政策问题，同时还与地球系统密切合作。生态系统建模者将 GCAM 的人类决策组件集成到他们的分析中。

GCAM 是一个动态递归模型，具有丰富的经济、能源部门，土地使用，水与气候模型相关的表述，可用于探索气候变化缓解政策，包括碳税、碳交易、法规并加速能源技术的部署。区域人口和劳动生产率增长假设驱动能源和土地使用系统，采用多种技术选择来生产、改造和提供能源服务，以及生产农业和森林产品，并确定土地使用和土地覆被。通过对 1990 年到 2100 年的运行期，每隔 5 年就利用 GCAM 来探讨新兴能源供应技术的潜在作用，以及具体政策措施或采用能源技术的温室气体后果，包括：二氧化碳捕获和储存、生物能源、氢气系统、核能、可再生能源技术以及建筑、工业和运输部门的能源使用技术。GCAM 是一种具有代表性的浓度通路级模型。这意味着它可用于模拟各种来源（包括政府间气候变化专门委员会）的情景、政策和排放目标。

GCAM 的产出包括对未来能源供应和需求的预测，以及由此产生的 16 种温室气体、气溶胶和短寿命物种的温室气体排放、辐射强迫和气候影响。其分辨率为 0.5°×0.5°，但取决于未来的人口、经济、技术和气候缓解政策。

二、国内的主要模型

（一）发展改革委能源所 IPAC 模型

中国综合环境政策评价模型（Integrated Policy Assessment Model for China, IPAC）是发展改革委能源所开发的中国模型体系，为参加国际同等研究提供了基础，同时在研究基础上参加了国内政策制定过程和国际模型研究。目前主要研究是以模型应用为主，对未来能源和温室气体排放进行预测和情景分析，同时还对温室气体排放控制对策、区域环境对策进行评价（姜克隽等，2019）。

IPAC 模型主要包括能源与排放模型、环境模型和影响模型三个部分。研究不同政策情景条件下对能源、经济和环境综合影响。同时该模型还可以将能源经济模型（Integrated Policy Assessment Model-SGM, IPAC-SGM）、物质需求模型（IPAC-Material）等 12 个子模块单独应用，从而对环境影响、能源需求预测等进行特定分析。利用 IPAC-AIM 技术模型，在强化低碳情景下，进一步考虑可再生能源技术、碳捕获和碳封存技术，以及各种节能技术的广泛利用等因素。姜克隽等最终得到 2020～2022 年期间中国能源活动 CO_2 排放达到峰值的结论。

（二）清华大学 GCAM-China 模型

全球变化评估模型-中国（GCAM-China）模型针对中国 31 个省份进行了区域细化。其中能源供给部门及建筑、交通、工业等能源终端需求部门已做到了分省尺度（陈文颖等，2005）。模拟时间步长为五年，可模拟到 2100年。GCAM-China 模型包含的温室气体有二氧化碳（CO_2）、甲烷（CH_4）、一氧化二氮（N_2O）、氢氟烃（HFCs）、全氟碳化合物（PFCs）、六氟化硫（SF_6）、黑炭（BC）、氮氧化物（NO_x），二氧化硫（SO_2）等。气候变化模拟模块包括黑炭、气溶胶、水蒸气等，可模拟大气中温室气体浓度、温度上升、辐射强迫、海平面上升等。模型模块包含能源供应和需求（Edmonse Rilly Barns, ERB）、农业和土地利用（Agricultural Land Use, AgLU）、水模块（Water）等。

（三）北京理工大学 C³IAM 模型

气候变化综合评估集成模型（China's Climate Change Integrated Assessment Model, C³IAM）是宏观经济集成评估分析与减缓气候变化政策成本—效益分析相结合的经济控制论模型（Wei *et al.*, 2020），由北京理工大学发展并运用于中国。

C³IAM 在耦合气候变化综合评估经济模型和地球系统模式的基础上，模拟中国与世界各国在应对气候变化过程中减排任务分配和投资需求等方面的博弈，并对全球气候变化对中国农业、工业、能源、基础设施、人类健康等社会经济系统关键领域的直接和间接影响开展评估，据此制定有效的适应和减缓政策以及国际谈判策略。

基于 C³IAM 模型，魏一鸣（Wei *et al.*, 2018）通过设置不同社会经济路径（Shared Socioeconomic Pathway, SSP），研究了国家自主贡献（Intended Nationally Determined Contributions, INDC）对未来全球减排的贡献。三个 SSP，包括"绿色增长战略"（SSP1）、"更多中间道路发展模式"（SSP2）和"区域之间的进一步分裂"（SSP3）。结果表明，在考虑 INDC 后，减排成本变得非常低，并且在三个 SSP 中没有明显的积极变化。在 SSP1~3 情景下，到 2100 年，全球温度分别达到 3.20 摄氏度、3.48 摄氏度和 3.59 摄氏度。因此，即使在 INDC 目标下，要控制全球升温低于 2 摄氏度和 1.5 摄氏度的温控目标需要更多的努力，同时还需要大幅减少温室气体排放，以减轻潜在的灾难性气候变化影响。

（四）中科院战略院 MRICES 系列模型

多区域气候经济学集成评估系统（Muilt-Factor Regional Climate and

Economy System, MRICES）是由气候经济区域综合模型（Regional Integrated Model of Climate and Economy, RICE）发展而来的 IAM 系统。这个模型将世界划分为十个区域：中国、美国、日本、欧盟、印度、俄罗斯、高收入国家、中等偏上收入国家、中等偏下收入国家以及低收入国家（王铮等，2015）。模型的基本做法是对不同国家的经济系统之间采用区域经济蒙代尔-弗莱明模型（Mundell-Fleming Model）连接起来。这样在经济发展中的气候应对中，国家经济和排放因为国际贸易的存在而关联在一起，避开了一个国家排放行为独立于国际经济的不真实描述，因此所有国家的能源消耗、产生碳排放量、碳排放量加总构成气候系统的碳排放输入。通过辐射强迫影响温度变化，温度变化反作用于经济系统，进而影响经济系统的生产（Liu *et al.*,2020）。根据这个原理开发的 IAM，最终被命名为强化的多区域集成气候变化经济学评估系统（Enforced Muilt-Factor Regional Climate and Economy System, EMRICES）。其中每个国家（地区）的经济系统均可以选择以宏观动态经济模型为基础。中国、美国、日本、印度、俄罗斯可采用可计算一般均衡（Computable General Equilibrium, CGE）模型。

（五）CIECIA 模型

经济-气候集成评估模型（Capital, Industrial Evolution and Climate Change Integrated Assessment Model, CIECIA）是王铮领导中国 IAM 政策模拟平台开发的一个成果。它由华东师范大学与中科院战略院联合开发实现。IAM 考虑到在全球经济一体化条件下，世界经济体系中的国家经济相互作用是在全球经济谋求一般均衡下运行，特别是国际经济有贸易存在，而且有资本的相互转移。因此，王铮等（*Wang et al.*,2016）用国家资本投资与贸易关系，代替了蒙代尔-弗莱明模型。相比经济考虑 GDP 溢出的 MRICES，CIECIA 的国家间经济更为密切，所以王铮等称 CIECIA 为全球经济强耦合的 IAM。相对来说 MRICES 被认为是全球经济弱耦合的 IAM。理论上讲，CIECIA 更逼近全球经济一体化发展的世界经济。

CIECIA 由两大部分组成：经济系统和气候系统。其中，经济系统的核心是一个多国多部门的一般均衡经济模型，包含了三种技术进步模式和两种国际资本流动模式，用于刻画在气候变化的影响下，国家、部门间的经济联系。而气候系统的核心则是全球碳循环模型，用于计算由经济生产排放的二氧化碳所导致的全球地表的升温幅度。此外，气候系统还包含了碳核算模块、碳税模块、气候反馈模块（气候对经济的损失函数）等辅助模块。经济系统和气候系统相互耦合，共同构成了整个模型体系（Wang *et al.*,2016）。

由于考虑了技术进步的方向性机制，CIECIA 的一个优势是它能在全球技术进步条件下，自动计算出不同减排政策下各国碳峰值的出现时间和各国 GDP 增长的情况，时间分辨为年。例如中国的碳峰值最可能出现的年份是 2032～2034 年。作者用 CIECIA 在技术进步和某种公平性碳税条件下评估了各国的碳排放量。

（六）GOPer-GC 模型

全球气候治理与发展政策模拟系统（Governance and Development Policy Simulater on Global Climate, GOPer-GC）可以被认为是 IAM 模型簇的一个组成。它是气候经济学的一个发展，重点面向全球气候的经济治理政策研究。GOPer-GC 模型可以被认为是 IAM 模型簇的一个组成。其软件利用了美国普渡大学开发并商业发行的 GAMS 软件和 GTAP 数据库进一步研发而成。

全球气候治理的进程中，构建一个全球经济与气候集成模型是全球气候治理模拟方法研究的一项重要内容，也是全球气候治理方案评估的基础，具有非常重要的现实意义。由于大部分 IAM 模型在土地利用变化碳排放模拟上存在不足，致使这些 IAM 模型的模拟结果，特别是碳排放总量的模拟上存在一定的偏差。鉴于以上不足，GOPer-GC 构建了一个细分到部门层面的多国多部门全球气候经济集成评估模型。该模型主要包括经济模块、土地利用变化模块、碳循环与气候反馈模块三个部分。

GOPer-GC 的经济模块是多区域多部门动态 CGE 模型。常用的 CGE 模型将土地作为单一要素投入到部门生产活动中，而 GOPer-GC 模型需要考虑经济发展过程中农业部门的土地利用变化情况。因此，模型对 GOPer-GC 模型中的土地要素做了进一步的分解，将土地要素细化为农业生态区（Agricultural Ecology Zone, AEZ），并在模型中引入了土地利用变化模块，实现了土地由价值量向实物量的转换，模拟得到了农业土地利用变化的面积量。模型中涉及到的土地利用部门包括种植业、畜牧业、林业。土地要素可以在这些部门间流动。引入农业生态区之后，模型对各农业生态区内的土地利用部门进行了限定。模型限定 AEZ 中的土地部门为现存的土地利用部门，不再新增土地利用部门。也就是说，如果某 AEZ 中不存在畜牧业，那么畜牧业将不参与此 AEZ 中土地市场的竞争。

从供给的角度来看，将土地细分为农业生态区之后，需要考虑农业生态区内部土地市场的竞争问题，即土地在部门间的流动问题。除了气候因素，土地覆被类型变化的成本、管理、土地轮作等因素也会影响土地类型的转变，限制土地在部门间的流动，因此需要对农业生态区内生产部门间的土地流动进行限制。引入农业生态区之后，GOPer-GC 模型首先将农业生态区采用不变弹性函数（Constant Elasticity of Transformation, CET）函数的形式复合为土地，然后再与其他的要素禀赋进一步复合。采用 CET 函数的形式复合，这说明了农业生态区之间具有一定的相互替代性，实现了要素投入过程中农业生态区的最优分配。出于研究农业土地利用变化及碳排放的需要，在模型中引入农业土地利用变化碳排放机制。农业生态区排放因子（Agro-Ecological Zone Emission Factor, AEZ-EF）模型是基于农业生态区的多区域模拟，用来估算农业土地利用变化的碳排放。为了满足农业土地利用变化碳排放的需求，在 GOPer-GC 模型中引入了 AEZ-EF 模型，模拟分析农业土地利用变化的碳排放状况。

第二节　模型主流的未来预测情景及发展趋势

未来的 IAM 将更加注重集成。一方面是注重自然科学模型与社会经济模型的耦合，实现更加全面的集成。耦合部分更加重视对极端气候事件的刻画。另一方面将更加注重气候变化应对与区域可持续发展目标与模式的耦合。

一、模型的主要情景来源

RCPs 以及 SSPs 情景是气候变化领域模型模拟计算的两组重要的参考情景。IAM 作为情景发生器，在两种情景的设置中起到非常关键的作用。其中参与生成 RCPs 的有四个 IAM 模型，参与 SSPs 气候变化情景的有六个 IAM 模型。RCPs 情景中，主要用到的 IAM 是 MESSAGE、AIM、GCAM、IMAGE 模型。而在 SSPs 中，主要用到的 IAM 是 MESSAGE、AIM、GCAM、IMAGE、REMIND、WITCH 模型。在这些模型中，以 IIASA 的 MESSAGE 模型和美国西北太平洋实验室的 GCAM 模型的影响最大。表 5–1 是主要情景模型的主要特点介绍。

表 5–1　参与 RCPs 及 SSPs 情景生成的主要的 IAM

模型名称 （托管机构）	SSP 标记	覆盖的 SSP 情景（数量）	模型类别	求解算法
AIM/CGE （NIES）	SSP3	SSP1, SSP2, SSP3, SSP4, SSP5 （22 个）	一般均衡（GE）	动态递归
GCAM（PNNL）	SSP4	SSP1, SSP2, SSP3, SSP4, SSP5 （20 个）	部分均衡（PE）	动态递归
IMAGE（PBL）	SSP1	SSP1, SSP2, SSP3 （13 个）	混合（与一般均衡相关联 的系统动态局部均衡）	动态递归
MESSAGE-GLOBIOM （IIASA）	SSP2	SSP1, SSP2, SSP3 （13 个）	混合（农业系统动力学模 型与一般平衡模型）	跨期优化

续表

模型名称 （托管机构）	SSP 标记	覆盖的 SSP 情景（数量）	模型类别	求解算法
REMIND-MAgPIE （PIK）	SSP5	SSP1, SSP2, SSP5（14 个）	一般均衡（GE）	跨期优化
WITCH-GLOBIOM （FEEM）	—	SSP1, SSP2, SSP3, SSP4, SSP5 （23 个）	一般均衡（GE）	跨期优化

二、模型的发展趋势

从模型发展趋势上看，IAM 将趋向于大规模经济模型与地球系统模式的耦合，并强调模型的闭环，见图 5–1 所示。模型涵盖的范围为全球多区域，模拟时间为百年尺度。涵盖温室气体范围更加广泛。综合评估模式和地球系统模式进行链接的关键参数是反映人类经济活动的碳排放。地球系统模式根据社会经济模型传递的碳排放进行碳在大气、陆地和海洋的分配与循环过程。因此，社会经济模型传递给地球系统模式的碳排放必须符合地球系统模式所需的时空分布特征。另外，鉴于复杂而庞大的地球系统模式，需要保证新构建的双向耦合模式也具备可靠性、灵活性、可扩展性和可移植性等特点。而通过建立基于区域—格点—区域的外部耦合模块将两类模型进行双向耦合的方法具有更大的灵活性和可移植性（杨世莉等，2019）。例如康林等（W.D Conllins *et al.*,）应用这种方法将全球变化评估模式（GCAM）和全球土地利用模式（Globe Landuse Model, GLM）与通用地球系统模式（The Community Earth System Model, CESM）进行了双向耦合，发展了综合地球系统模型（Integrated Earth System Model, IESM）。相比原来的 CESM, IESM 增加了综合评估模块（Integrated Assessment Component, IAC）。IAC 又包括五个子模块，分别为原始的 GCAM 和 CLM 模式，以及负责模式之间信息交换和传递的子模块，包括全球变化评估模型综合评估模块（Integrated Assessment Component to Global Change Assessment Model，IAC2GCAM），全球评估模型的土地利用模型（Global Change Assessment Model to Globe Landuse Model，GCAM2GLM）和全球土地利用模型综合评估模块（Globe Landuse Model to Integrated Assessment Component, GLM2IAC）。例如 IAC2GCAM 用来将空间分辨率为 0.5°×0.5° 的结果分配到 14 个区域供 GCAM 运行。而 GCAM2CLM 则将具备 14 个区域空间分辨率的 GCAM 结果插值到 0.5×0.5 的格点上供 GLM 模式使用。除了负责格点—空间—格点的信息传输之外，这三个子模块还控制模式之间耦合的时间步长。IESM 可以用来研究气候变化对建筑能源使用、可再生能源和能源生产的影响。

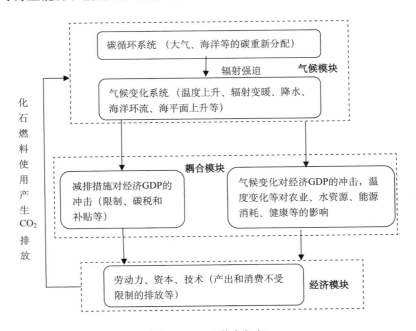

图 5-1 IAM 基本框架

从评估功能看，IAM 基本完成减排目标的评估使命，进一步和人类主动应对政策相结合，注重实际政策的评估，更多分析区域、国家、次区域的情景，并关注区域的情景应用。进一步分析短寿命温室气体排放和作用。全球温室气体排放实际上有相当一部分是其他气体，例如 CH_4（甲烷）和 N_2O（一氧化二氮）。在全世界，CH_4 和 N_2O 占温室气体总排放量的比例估计分别为 14％和 9％。世界资源研究所发布的报告《全面减排迈向净零排放目标——中国非二氧化碳温室气体减排潜力研究》指出，根据技术可行性而暂不考虑任何政策、法律和经济上的障碍，只需在所有经济部门推广使用现有技术，到 2030 年中国每年可以减少约 8 亿吨二氧化碳当量的非二氧化碳温室气体排放。这几乎占当年中国非二氧化碳温室气体排放量的 1/3。近几年，有大量研究涉及的温室气体排放量清单、制定针对具体来源的非二氧化碳温室气体减排指标，以及探索和运用气候变化政策和改善区域环境质量政策间的协同作用。

从研究内容看，IAM 排放情景将进一步与可持续发展（Sustainable Development Goals, SDG）相关联，进一步分析重大技术的作用，用于分析重大政策。国际上提出了为期十年的未来地球（Future Earth）研究计划。该研究计划以"动态地球""全球发展""向可持续发展的转变"为三个主要的研究目标。通过强调全球环境和人类的福祉与发展，重点关注自然系统和人类系统的相互影响。

参考文献

Liu, C., H. Zhang and Z. Wang, 2019. Study on the Functional Improvement of Economic Damage Caused by Climate Change for the Integrated Assessment Model. *Sustainability*, 11.

Liu, C., J. Wu, Z. Wang *et al.*, 2020. Analysis of the Impacts of the NDC Scenario on Energy and Industrial Structure in Major Countries. *Climate Change Economics*, 11(3).

Riahi, K., A. Gruebler and N. Nakicenovic, 2007. Scenarios of Long-Term Socio-Economic and Environmental Development under Climate Stabilization. *Technological Forecasting and Social Change*, 74(7).

Wang, Z., G. Gu, J. Wu *et al*., 2016. CIECIA: A New Climate Change Integrated Assessment Model and Its Assessments of Global Carbon Abatement Schemes. *Science China Earth Sciences*, 1(59).

Wei, Y., R. Han, C. Wang *et al*., 2020. Self-Preservation Strategy for Approaching Global Warming Targets in the Post-Paris Agreement Era. *Nature Communications*, 11(1).

Wise, M. A., K. V. Calvin, A. M. Thomson *et al*., 2009. Implications of Limiting CO_2 Concentrations for Land Use and Energy. *Science*, 324.

陈文颖、吴宗鑫、何建坤：“全球未来碳排放权‘两个趋同’的分配方法”，《清华大学学报（自然科学版）》，2005 年第 6 期。

姜克隽：“一个强有力 2050 碳减排目标将非常有利于中国的社会经济发展”，《气候变化研究进展》，2019 年第 1 期。

杨世莉、董文杰、丑洁明等：“对地球系统模式与综合评估模型双向耦合问题的探讨”，《气候变化研究进展》，2019 年第 4 期。

第六章 气候变化对中国人口分布及经济影响

第一节 气候变化与人口分布

气候变化在历史上对人口迁移产生过深远的影响，也是中华文明发展的历史过程中重要的影响因素。研究表明中国历史上许多人口迁移事件是对大环境下的气候变化及其带来的气候灾害的一种响应。而作为中国人口地理分界线的胡焕庸线，其本身的形成过程中受到气候变化带来的区域农业生产潜力改变的影响，是气候变化的产物。在对气候变化条件下中国人口分布影响的研究显示，气候变化正在通过改变中国农业生产潜力，进而改变胡焕庸线的存在基础。在气候变化影响下，2041～2060 年由于气候变化冲击而发生的迁移总人口约为 1.3 亿，但人口迁移主要仍发生于胡焕庸线以东的各省区之间。胡焕庸线对中国人口分布基本格局的划分仍然稳定，鼓励胡焕庸线西侧的劳动力在工资驱动下向东侧迁移，尽管会在一定程度上拉低东部地区的工资率和人均 GDP，但是可以有效优化人力资源的东西部配置，提高全国的经济发展水平。

一、历史气候变化影响下的人口迁徙评估

气候变化导致的气候灾害所引起的迁徙，及其对新居住地环境开发的影响是一个至关重要的主题，需要进行深入研究以更好地了解气候变化和人类适应的影响。大量的科学证据清楚地表明，气候变化是一个重要因素，已经影响了世界各地历史时期的人口和社会发展。大量弱势人口将非自愿流离失所，是气候变化产生的持续社会后果之一。现有大量证据表明，降水和温度的变化可以在特定情况下增加迁移。许多研究都预见了中低收入国家，采取非自愿、永久和长途行动进行迁移的"气候难民"的产生和兴起。而在过去的五年中，大量使用人口统计学和计量经济学方法进行的研究直接调查了这一问题。结果表明，以温度升高为代表的气候变化确实会增加在各种情况下的迁移率。气候变化也深刻影响了中国的历史。中华文明本身就是在从一种土地利用模式到另一种土地利用模式，或从一个环境恶化的地区迁移到其他地区以适应气候变化的持续变化过程中发展起来的（Fang *et al.*，2014）。已有大量学者就历史上气候变化对中国的政治、经济、人口的影响进行了深入的研究和探讨，尤其是史料较为丰富的明代和清代。

在对历史时期的研究中，张大鹏等（Zhang *et al.*，2007）通过比较高分辨率的古温度重建和中国东部战争发生的完整记录，从宏观历史的角度探讨了过去千年来中国东部气候变化与战争之间的联系。结果表明，中国东部（特别是南部地区）的作战频率与北半球的温度振荡显著相关。生态压力与人口压力以及中国独特的历史和地理环境相互作用，在过去的千年中引发了频繁的战争。裴卿等（Pei *et al.*，2014）调查了 2000 年来中国的游牧民族迁徙历史以及与历史气候变化之间的关系，基于推拉模型和统计证据、多元回归分析和格兰杰因果关系分析定量验证气候变化—游牧移民—牧民与农业主义者之间的冲突之间的因果路径。研究发现从长远来看，降水在统计学上对游牧民

族迁徙的影响比对温度的影响要大，这从理论上解释了气候变化如何长期影响游牧民族的迁徙。裴卿等（Pei et al., 2016）基于细粒度的历史移民记录以及统计分析，探讨了中国土地承载力与移民之间的关系。在牧区，气候变化是土地承载力的主要决定因素之一，在触发移民方面起着重要作用。在稻米地区，人口迁移更受人口压力的影响。人口压力是土地承载能力的另一个主要决定因素，位于牧区和水稻区之间的小麦区显示了这两个区的组合模式。裴卿等（Pei et al., 2017）基于 1 686 条农业移民的记录和 4 417 次社会危机事件，采用统计方法，构建了一个包含气候和社会因素的概念模型，并在环境人文范式的框架下，解释两千年来的中国的农民移民的长期动态，以帮助重新解释长期气候变化对人类迁徙的影响。研究结果定量证明了尽管农业学家不愿意将移民作为中国历史的普遍特征，但从长期和较大的空间尺度来看，气候变化可以通过引发社会危机而间接影响农业人口的迁徙，这是更直接的触发因素。这对理解人类适应中国历史气候变化的文化障碍具有重要意义。

在明代和清代气候变化对人口影响的研究中，萧凌波等（Xiao et al., 2015）通过重建代表性的饥荒、移民和战争系列，定量描述了 1470 年至 1911 年华北地区与气候变化和灾害（洪水/干旱）有关的最典型的社会后果，并给出了两个具有相似气候变化背景典型时期的人与气候的相互作用，即明末和清末。研究发现，在 16 世纪末和 18 世纪末，气候恶化均导致了严重的社会后果，其特征是饥荒和民众动荡加剧。其中明末的气候影响更为严重，而区域间迁徙是清末的一种有效应对措施。此外，明末晚期的气候恶化更为严重，明末晚期由于其农业生产方式使得社会制度气候变化更加敏感，而且清末对气候灾害的社会反应能力大大增强。

在针对清代的研究中，方修琦等（Fang et al., 2007）针对 1661 年至 1680 年间中国东北地区包括劳动力的年均增长、盛京地区年度新征税耕地、华北地区极端气候事件以及东北地区相关管理政策等历史资料，进行了案例研究，探讨华北极端气候事件与人口向东北迁移以进行耕种之间的关系。研究发现从 1661 年到 1680 年，人口向东北迁移是对华北干旱事件的一种响应。当华北遭受干旱/洪灾时，每年有 10 000 多名移民到中国东北。迁徙高峰往往落后于干旱事件约 1～2 年。华北地区的极端气候事件、移民到东北的耕作以及相关的管理政策显示了一条响应链，反映了极端气候事件、人类行为和政策之间的相互作用。叶瑜等（Ye et al., 2012）着眼于过去 300 年中国东北地区因气候灾害而进行的移民复垦的过程和机制，对这一相互联系的关键因素，包括干旱/洪水事件、人口、耕地面积、农民起义、政府机构和开垦土地政策等，进行了比较分析。研究认为近代东北地区的移民高峰期，很可能是在华北发生频繁的气候灾害时发生的。在过去的 300 年中，华北地区的极端气候灾害加深了土地资源有限和人口快速增长之间的矛盾，并导致了东北地区的迁徙和开垦。气候、政策和填海形成一个有机的响应链，主导了中国东北土地利用/覆盖变化过程。

　　在针对气候变化对当代中国人口迁移影响的研究方面，干旱区、牧区等环境脆弱地区的环境移民活动是其中的研究重点。韦斯特（West, 2009）基于 2008 年在内蒙古自治区阿拉善盟的半滩井村和栾井滩镇进行的田野调查，考察了生态移民对移民问题的定性看法和经验，探讨了将气候适应和减缓战略纳入区域土地使用和水管理政策主流的机遇和挑战。研究结果表明，脆弱性是居民选择进行移民最重要的原因，而脆弱性主要是由气候多变性和荒漠化、快速的经济和社会变化以及不断发展的政府政策以恢复退化的草地引起的。从长远看移民村庄成功适应的最大障碍可能与当地人对政府及其政策的看法有关。这些看法为解决与生态退化、减贫和适应气候变化有关的问题提供了主要和最重要的解决方案。周洪建等（Zhou et al., 2014）基于利益相关者访谈和辅助数据处理，以中国舟曲山洪泛滥和宁夏中部干旱引发的气候移民为重点，解释了支持气候导致移民的政策选择过程中的关键因素。结果表明，需要在政策选择中提出两个预期的转变，即从消极移民向积极移民转变，以及从移民与居留到希望与发展的移民发展。谭艳（Tan et al., 2017）采用一种社会生态系统方法，建立了一个概念计量经济学框架，区分在家庭层面推动移民意愿的两个阶段，研究了背景因素和家庭因素对宁夏回族自治区最大的环境安置区中的移民迁移意愿的促进作用。通过收集 2012 年家庭调查数据，分析本地环境因素和家庭因素如何影响气候并对家庭影响的严重性，分析这些因素如何与气候影响相互作用，以进一步影响家庭的迁移意愿。研究结果表明，节水技术的使用有限、抗旱作物的种植实践很少以及缺乏政府支持等背景因素。强大的地方社交网络以及收到的低额金融汇款对于提高移民的迁移意愿具有重要意义。

此外，也有大量研究对气候变化影响下的城乡人口迁移、区域内部人口迁移等问题进行了探讨。周京奎（Zhou *et al.*, 2011）基于来自中国不同城市的城市调查数据集，通过实证研究了气候变化对中国健康和移民的影响，发现从农村到城市的迁徙偏好与避免遭受炎热天气冲击有关。这显示出回归趋势，从一个城市迁移到另一个城市的男性居民的迁移偏好则与过去低温变化对健康的影响无关。炎热天气与妇女健康问题的恶化有关，对女性的影响要大于对从农村地区迁移到城市的男性的影响。高立等（Gao *et al.*, 2017）基于相关随机效应模型和地级面板数据集，开发了一种可靠的经验方法，同时考虑省内的移民流动和地域特征，并以此研究了 2000 年至 2010 年期间，当地气候条件在促进中国区域间迁移中的作用。结果表明，气候条件是中国迁移的重要决定因素。特别是，冬季温暖，夏季凉爽，日照充足的地区对移民更具吸引力。施国庆等（Shi *et al.*, 2019）以中国西南喀斯特地区为例，评价了各种驱动因素（经济、社会、政治、人口和环境驱动因素）在迁移活动中的重要性。研究结果表明，经济、社会、政治因素是直接促进移民的强大力量，而人口和环境因素则是间接促进移民的中等或较弱力量。移民的核心考虑是通过移居目的地以提高家庭收入，保留其原有的社会网络并从地方政府获得住房补贴来有效降低家庭风险并维持生计。因此，很难将环境驱动因素与其他构成迁移决策的驱动因素隔离开，而内部机制表明环境因素和非环境因素都以不同的方式影响选择。格雷等（Gray *et al.*, 2020）将 1989 年至 2011 年 2 万中国成年人的纵向数据与有关气候异常的外部数据进行了关联，通过控制潜在的时空混杂因素探讨了气候对内部迁移的影响如何随时间变化。研究发现，在研究时间段的初期，温度异常推进了永久移民，但这种影响在研究末期得到扭转。这可能是由于气候脆弱性从农业转向非农业生计活动。在这种情况下，即使气候变化在不断发展，人类自身发展和原地适应也可以使气候导致的迁徙随时间下降。

二、气候变化与胡焕庸线的形成和稳定

胡焕庸线是中国首要的人口和地理分界线。该线以西国土面积占全国的 56%，但人口仅占全国总人口的 4%（胡焕庸，1935）。这一现象主要是由于降水、地形、温度等自然要素禀赋制约造成的（王铮等，1996）。胡焕庸线作为一种稳定的规律形成于 1240～1250 年左右，特别是 1230～1260 年气候突变导致的区域农业生产潜力变化是该线形成的关键（吴静等，Wu *et al.*, 2011）。因此事实上，胡焕庸线的科学基础在于以农业生产潜力为代表的第一本性的锁定作用（夏海斌等，2012）。为方便记，这里称中国国土的胡焕庸线以东地区为（中国）东域，胡焕庸线以西地区为（中国）西域。并特别说明，由于行政区划的原因，在划分东西域时尽量保留了省级区划的完整性，所以西域包括新疆、内蒙古、陕西、甘肃、青海、西藏、云南等七省份。

然而值得注意的是，气候变化正在改变胡焕庸线的存在基础。因为全球变化可能改变中国的区域粮食供应安全问题（蔡运龙等，1996；唐国平等，2000；王铮等，2001）。一般估计认为，如果考虑到气候变化引起的土壤干旱导致农业生产力下降，热带飓风强度增长及暴雨洪水频率增加，冰层融化造成海平面上升侵蚀耕地等原因，全球迁移人口有可能达到数百万之多（IPCC，1990，2007），甚至有预测认为到 2050 年全球将有 2 亿人因为气候环境原因

而迁移（Myers, 1997）。中国作为农业大国，很有可能在全球气候移民中占据相当份额，而这必然会对胡焕庸线的稳定性提出挑战。这不仅是一个科学问题，也是一个中国政府非常关注的政策问题（李克强，2014）。

基于胡焕庸线的重要性，中国学者 2010 年后对胡焕庸线形成的原因作了系列研究。王铮等（1996）认为，胡焕庸线是中国生态环境过渡的产物。有迹象表明，它的形成与气候变化有关。吴静等（Wu *et al.*, 2010）认为胡焕庸线是气候变化的产物，它可能成因于 13 世纪的中世纪温暖期的结束。

1935 年，胡焕庸提出了中国人口分布存在黑河—腾冲分界线（胡焕庸，1935）（即胡焕庸线），指出以此为界，东部人口占 94.4%，西部人口仅占 5.6%。王铮等（1995）发现，中世纪温暖期以后，即 13 世纪开始，中国的旱涝分布等值线出现平行胡焕庸线的方向。那么在历史人口地理演变的过程中，象征中国人口东西分布差异的这条分界线又是何时出现的呢？其产生动力又是什么？

基于自主体模拟作为历史地理演变模拟，吴静等（Wu *et al.*, 2010）从动态模拟的思想出发，以基于自主体（Agent-Based Simulation, ABS）模拟来研究中国人口地理的动态演变，模拟分析了历史时期胡焕庸线形成的过程。

研究考虑了历史气候变化、历史农业生产潜力波动以及历史性大规模人口迁移对人口地理演化的影响。模拟结果显示，中国人口分布显著的东密西疏格局大约形成于 1246 年，即在 1246 年左右黑河—腾冲线以东的人口规模占到全国的 94.4%，而西部只占 5.6%，并在 1246 年之后的人口发展历程中，东部人口所占比例在 94% 至 95% 之间波动。

中国历史人口东西分布格局形成于 1246 年左右，这并不是偶然的。首先，由于自然禀赋的差异，中国东西部各省在农业生产潜力上存在本质的差别。这就导致了在模型初始状态下，东西部人口水平的不同。总体上说东部人口远远超出西部人口，也就是说人口东西部差异是具有本质根源的，但这种差异并未达到胡焕庸线的格局，而且在 1246 年左右也不存在大规模的人口迁移。综合各方面考虑，人口分布特征线的产生之所以发生在 1246 年左右是 1230~1260 年期间气候突变影响的结果。张丕远等（1994）研究表明，1230~ 1260 年是中国历史气候的最大突变期。这一气候突变奠定了中国现代季风气候的格局，主要以黑河—腾冲线为界，东部地区湿润温暖，农业密度大，人口集中；西部干燥，冬季严寒，植物生长条件恶劣，人口稀少。而且东部地区年均温、年降水、活动积温呈现平行胡焕庸线方向的特征。也就是说在 1230 年以后胡焕庸线方向的气候、环境分异特征已经稳定存在。王铮等（1995）进一步证实了胡焕庸线在生态环境及一般自然地理分异特性方面具有特征方向的意义。在生产力水平低下的古代，农业生产潜力主要由气候条件决定。伴随气候变化的主要是土地资源数量和农业产出的变化，这种变化影响到了作为一个种群的人口。人口因农业产出的区域不同而改变自己的分布（王铮等，1996），最终于 1246 年左右人口东西分布与生态环境分布特征吻合：以黑河—腾冲线为界，东西部呈现显著的分布差异。

　　经过模拟分析发现，中国历史人口东西分布的胡焕庸线特征出现在 1246 年左右。进一步，1230 年的气候突变是这一人口特征线出现的主要动力。当然王铮等后来证实，胡焕庸线也受到第一地理本性（First Nature），诸如海拔、地表崎岖度和农业生产潜力的影响。不过在这些约束中，气候变化是主动性的驱动因素。王铮等（2019）由于胡焕庸线对气候的相应，因此中国学者近年对于胡焕庸线与气候变化之间的关系开展了认真的研究。

三、未来气候变化对胡焕庸线稳定性的影响

　　孙翊等（Sun *et al.*, 2017）集中讨论了气候变化下胡焕庸线人口迁移的两个重要问题：1. 气候变化农业生产潜力改变对胡焕庸线稳定性的长期影响；2. 短期内，工资驱动下具有"民工潮型迁移"特征的胡焕庸线人口流动的经济影响。前者将通过一个农业生产潜力人口承载模型回答，而后者将考虑一

个汇款回输机制改变地方经济的多区域可计算一般均衡模型来描述。

研究结果表明，在气候变化影响下，2041～2060 年由于气候变化冲击而发生的迁移总人口约为 1.3 亿，占全国总人口的 11%左右。人口迁出省份有 11 个，其中河南、四川、湖南、江西、江苏、河北六省份是主要的人口迁出省份，迁出人口占到全国总迁出的 88%。人口迁入省份有 20 个，其中广东、广西、山西、贵州、浙江、陕西是主要的人口迁入省份，迁入人口占到全国总迁入的 73%。从迁出迁入人口与本省人口的比例来看，湖南、四川、河南迁出人口均超过本省人口的 40%，而广西、山西、甘肃、贵州、海南、陕西、青海等省份迁入人口占本省人口的比例较高。

进一步地，表 6-1 中给出了气候变化对胡焕庸线两侧人口分布的冲击。在考虑气候变化后，目标年胡焕庸线以西各省区均有不同数量的人口迁入（西藏除外），且主要集中于甘肃、青海和宁夏。总体而言，由于气候变化导致农业生产潜力提高的原因，胡焕庸线以西省份的人口占比将增长 1.03%，达到8.55%。然而尽管如此，胡焕庸线以东向西部迁移的人口量仅占总迁移人口的10%。中国人口迁移主要仍发生于该线以东的各省份之间。因此，气候变化虽在一定程度上缓解了中国东西部人口分布不均衡的现象，打破了原来胡焕

表 6-1　气候变化对胡焕庸线人口分布的冲击（单位：万人）

	胡焕庸线以东 省份人口	胡焕庸线以西 省份人口	总人口	胡焕庸线以西省份人口占 比
基准年：2001～2012	121 997	8 480	130 477	6.50%
目标年：2041～2060	119 176	9 699	128 875	7.53%
目标年：考虑气候变化	117 852	11 023	128 875	8.55%

　　注：胡焕庸线以西省份包括内蒙古、新疆、甘肃、青海、宁夏；胡焕庸线以东省份包括北京、天津、河北、山东、上海、江苏、浙江、福建、广东、海南、山西、陕西、辽宁、吉林、黑龙江、湖北、重庆、安徽、江西、河南、湖南、广西、贵州、云南、四川（后文地区划分相同）。

庸线两侧的比例，但并没有从根本上破坏胡焕庸线的人口分布规律。需要指出的是，这里分析的人口迁移并不是对未来的一种准确预测，而仅在于提出应对气候变化的人口迁移的可能性估计。

孙翊等（Sun *et al.*，2017）通过外生调整胡焕庸线两侧人口比例，分析了胡焕庸线两侧经济发展状况的变化。研究发现胡焕庸线西侧人口迁移到东侧的规模大小会对全国平均劳动者工资产生不同的影响，但整体影响不大。具体分析东西两个地区，东域地区平均工资率随劳动规模的扩大呈降低趋势，且下降幅度逐渐增加。相对而言，西域地区政策效果同东域地区相反，劳动人口迁出增加了西域居民平均工资率水平，且增长率逐步增加。

随着胡焕庸线西侧劳动力向东侧迁移规模扩大，全国经济总量呈增长趋势，而且增长率也稳步增加，主要由于劳动作为一种生产要素，劳动力在区域之间进行迁移，实际上也是人力资源重新配置的一个过程。劳动力迁移使人力资源得到了优化配置，因此全国经济总量会逐渐增加，而且增长率也逐步提高。

在人口迁移作用下，胡焕庸线东域地区经济总量的增长得益于劳动力迁入，但是，由于增加的总人口创造的价值较少，总体上降低了东域地区人均GDP。相对东域地区而言，西域地区虽然人口迁出降低了经济的发展，但是对于西域地区居民来说，自身收益确实增加了。

除此之外，区域之间还存在转移支付的情况，即迁移劳动力向迁出地转移的汇款。全国以及区域经济的发展都没受到影响，主要是因为区域的经济发展 GDP 的增长主要是与要素的投入有关。投入的要素增加时 GDP 就会增加，减少要素投入就会降低 GDP，因此与居民的实际收入和消费水平没有直接的影响关系。比如，当一个地区的居民接受了捐款，他的收入会增加，相应的消费也会增加，但是在整个的经济市场下，这些增加的支出完全可以由本地产品来满足，或者消费区域外的产品，因此消费的增加不会对地区的总产出造成影响。研究结果证明了迁移劳动力的汇款行为并没有对区域经济或者全国经济的发展产生显著影响。

第二节 气候变化的主要社会经济影响

一、典型极端天气事件——高温热浪的影响

气候变化的健康影响是不可忽视的非市场影响。气候变化将给 21 世纪人类健康带来重大的挑战（Costello *et al.*, 2009）。IPCC 第五次评估报告第二工作组指出气候变化已经对人类健康造成了负面的影响。气候变化和极端气候事件给城市和农村的脆弱人群增添了额外的负担。同时鉴于气候变化的影响预计将在下个世纪增加，某些现有的健康威胁将会加剧。新的健康威胁可能会出现（Balbus *et al.*, 2016）。气候变化不仅通过增加高温、干旱的频次和强度的方式直接影响人类健康，还会通过加重空气污染等方式间接影响人类健康（Watts *et al.*, 2015）。研究气候变化带来的健康影响已经成为无法回避的重要问题（董国庆等，2017）。

已有研究证明高温热浪与人群额外死亡具有正相关关系（Gover, 1983），而气候变化已导致全球高温热浪发生的频率和强度显著增加（Mora *et al.*, 2017; Matthews *et al.*, 2017）。1880 年到 2012 年间，全球平均地表温度升高 0.85（0.65~1.06）摄氏度，且过去三个连续十年的温度均高于 1850 年以来任何一个十年的温度（秦大河，2014）。如果不采取任何减排措施，本世纪末全球平均气温将升高 2.6~4.8℃；即使在低排放情景下，本世纪末全球平均气温也会升高 0.3~1.7℃（IPCC，2014）。1971~2000 年，中国 12%的区域受到极端高温事件的影响。这一数据在接下来的十年上升到了 43%。极端高温影响范围不断扩大，由此造成的死亡人数和经济损失也在不断的增加。随着全球气候变暖，预测表明未来 50 年到 100 年中国区域平均温度也将持续上

升。高温事件发生的强度、持续时间都将持续增加（秦大河等，2015）。这将导致中国人群健康、生产和经济发展受到严重影响。高温对人体健康影响程度会因社会状况、经济情况、身体状况、性别等因素的不同而不同（Watts *et al.*, 2015），如老年人应对高温天气更为脆弱。随着中国老龄化问题日益加重，未来老龄化问题有可能会继续放大高温对中国居民的健康影响。

随着全球温度的升高，高温频发造成劳动人群死亡率上升，导致劳动力供给减少。2012 年全球极端高温事件造成的死亡人数超过了其他所有自然灾害死亡的总数。2006～2011 年中国高温导致的过量死亡率高达 5%。2018 年多国温度创下新高，加拿大至少 70 人死于高温；日本超过 5.7 万人患热相关疾病，且由高温造成的死亡人数超过 90 人。如果不采取任何措施，预估到 2030 年和 2050 年全球因高温死亡的人数大约为 9 万和 2.5 万人。

自从《柳叶刀》在 2009 年 11 月刊发了一系列将温室气体减排与健康协同效应联系起来的文章，人们开始逐渐关注气候变化对人类健康造成的威胁。理论研究方面，一方面高温会损害人体体温调节能力，诱发直接或间接的健康并发症，从而导致疾病和死亡的增加（阚海东等，2018；马盼等，2016）；另一方面高温会恶化诸如心血管疾病、呼吸系统疾病、脑血管疾病等慢性疾病（钱颖骏等，2010；何贤省等，2018）。随着温度的升高，相关疾病的住院率会随之增加。李明等（2019）研究发现每天最高气温与高温中暑发病病例数呈正相关关系。丁雪松（2010）通过对江苏省 2006 年高温对人体健康的影响分析，发现日最高温度与死亡率上升有显著关系。高温带来的心血管疾病和呼吸疾病发病率上升是造成人群过量死亡的主要原因。栾桂杰等（2018）通过对历史数据进行计量分析，发现在高温环境下，中国六大城市的死亡率显著增加。

受到气候变化的影响，未来极端高温会更加频繁和广泛的发生。热敏疾病的发病和死亡的可能性也会随之增加。为了更好地应对气候变化、减轻未来高温事件对人体健康造成的负面损失，越来越多的学者开始关注未来高温事件的健康影响。已有的研究中，大部分学者采用流行病学的方法，通过确定高温与过量死亡率之间的"暴露—反应"关系对未来高温造成的过量死亡率进行估计（Kalkstein *et al.*, 1989）。巴奇尼等（Baccini *et al.*, 2009）通过超过临界温度所造成的死亡人数和比例确定了高温与额外死亡之间的暴露反应关系。对在不同减排情景下 2030 年高温导致的欧洲不同城市过量死亡人数，指出欧洲夏季因高温死亡人数约占总死亡人数的 2%。高斯林等（Gosling *et al.*, 2009）的研究表明，在煤炭使用增加、不优先考虑环境问题的 A2 情景下，2070～2090 年间，波士顿、布达佩斯、达拉斯、伦敦、悉尼五个城市因热相关疾病而死亡的人数将分别上升至 142.5、73.4、145、6.9、9.9 人（每十万人）。巴雷卡（Barreca, 2012）预计到 21 世纪末，美国与高温相关的死亡率将增长 1.0%，造成每年的福利损失高达 142 亿美元（人均 474 美元）。海维斯德等（Heavisde *et al.*, 2016）基于 2004～2009 年高温与死亡率的历史数据，对高于基准情景 15℃的情景下，塞浦路斯未来高温造成的过量死亡率进行了预测。结果表明，气候变化造成的温度升高以及未来人口的增长都会造成过量死亡率的上升。过量死亡率的上升会造成劳动力供给减少，通过经济生产影响经济的发展。

　　除了影响人群死亡率，高温还会影响人群的生理机能。热相关疾病发病率因此上升，造成劳动生产率下降。已有研究表明，高温可以通过造成急性健康事件、慢性健康损害以及其他方式影响劳动生产率（苏亚男等，2018）。劳动者暴露在高温环境中，体温随着外界温度的上升而升高的同时，劳动产生的热量也急剧升高。为了维持机体的正常功能，劳动者不得不缩短工作时间、降低工作强度，造成劳动生产率的减少（Kjellstrom *et al.*, 2009）。为了保证劳动者的健康，各个国家对劳动者工作受到的热应力（Heat-Stress）环境标准都做出了相应规定。除此之外，高温天气会增加劳动职业人群患热相关疾病（如，心血管、呼吸等疾病）的风险，这同样也会导致劳动生产率的下降（黄存瑞等，2018；张辉等，2018）。2015 年《柳叶刀》刊发的"健康与气候变化：保护公众健康的政策响应"（Watts *et al.*, 2015）详细分析了气候变化导致的日益增加的热暴露将如何影响脆弱人群的生产力和经济产出。脆弱群体包括户外工作人员、工厂或其他没有空调设施的室内工作人员。农业、工业将会是受温度升高影响最严重的行业（Kjellstrom *et al.*, 2009，2013，2016）。丁宙胜等（2019）通过对中国某化工企业调查发现，夏季高温对企业人员造成的危害最大，提高了高温职业病的风险。

赵梦真（2019）通过高温暴露反应计算了不同代表性浓度路径情景下高温对未来劳动力造成的影响。在 RCP2.6 和 RCP6.0 两种情景下，高温造成的劳动力额外死亡人数都呈现出上升的趋势。RCP6.0 情景下劳动力受到的影响更为严重。RCP2.6 情景下 GDP 损失由 2013 年的 0.018%增加到 2.459%；RCP6.0 情景下 GDP 损失由 2013 年的 0.033%增加到 4.468%。在两种情景下三大产业受到高温影响造成的损失比例都在不断上升，但上升幅度有所不同。RCP6.0 情景下的损失上升幅度约为 RCP2.6 情景的两倍。在模拟时期内，第一产业受到的影响始终最大，第三产业受到的影响最小。2090 年，RCP2.6 情景下农业损失比例约为 5.25%，而第三产业的损失比例仅为 1.80%。

二、海平面上升的经济影响评估

（一）气候变化下中国海平面变化观测事实

政府间气候变化专门委员会第五次评估报告再次表明，近百年来全球气候系统正经历着以全球变暖为主要特征的显著变化（IPCC, 2013）。全球气候变暖引起冰川融化和海水温度升高引发的热膨胀导致了全球海平面的上升。根据自然资源部于 2019 年 5 月发布的《2018 年中国海平面公报》（自然资源部，2019a），1980～2018 年中国沿海海平面上升速率为 3.3 毫米/年，高于同时段全球平均水平；2018 年中国沿海海平面较常年（1993～2011 年）高 48 毫米，为 1980 年以来的第六高。海平面从高到低排名前七位的年份依次为

2016 年、2012 年、2014 年、2017 年、2013 年、2018 年和 2015 年。

早期中国沿海地区海平面变化分析主要使用验潮站资料。如李文善等（2019）基于潮位数据分析得到 1980～2017 年辽东湾沿海海平面总体呈波动上升速率为 3.0 毫米/年；辽东湾东岸沿海海平面上升速率较高，其中瓦房店沿海海平面上升速率为 3.8 毫米/年，营口次之；辽东湾西岸沿海海平面上升速率相对较小，其中葫芦岛沿海海平面上升速率为 2.7 毫米/年，秦皇岛沿海海平面上升速率最小，为 1.5 毫米/年。

随着卫星资料的发展，近年来的研究多使用卫星高度计资料。王龙（2013）利用法国卫星海洋学存档数据中心（Archiving, Validation and Interpretation of Satellite Oceanographic, AVISO） 提供的 1993～2011 年海平面数据分析了中国海海平面变化的上升速率，得到中国海海平面平均上升速率为 4.99 毫米/年，其中，南海海平面上升速率为 4.9 毫米/年，东海海平面上升速率为 3.28 毫米/年，黄渤海海平面上升速率为 3.1 毫米/年。不同海域海平面上升速率存在显著的区域差异，且总体呈现南高北低分布。张静等（2015）利用 AVISO 高度计数据计算了 1993～2012 年中国海海平面上升趋势。结果表明：中国海平均海平面的上升速率为 4.3 毫米/年，高于全球平均水平；渤海、黄海、东海和南海的上升速率依次为 3.1、2.9、3.0 和 4.6 毫米/年。徐曜等（Xu et al., 2017）利用卫星高度计资料探讨了 1993～2015 年中国海及邻海海平面变化的时空动态变化，得到中国海及邻近海域的海平面上升速率为 0.39 厘米/年，黄渤海为 0.37 厘米/年，东海为 0.29 厘米/年，南海为 0.40 厘米/年；平均海平面及其上升速率时空分布不均匀；黄渤海海平面的季节变化最为显著。潘轶等（2017）用多代卫星测高资料，采用线性回归、傅里叶变换、经验模态分解算法等，对 1993～2015 年中国南海海平面变化的规律进行分析。结果表明，近 23 年来，中国南海海平面总体呈现明显上升趋势，平均上升速率为 2.4 毫米/年。何蕾等（2014）结合卫星高度计海平面高度距平资料及验潮站数据，基于经验正交函数分析方法（Empirical Orthogonal Function, EOF）和最小二乘法重建过去 53 年（1959～2011 年）珠江三角洲海平面变化时空序列，并利用主成分分析方法建立区域统一海平面变化时间序列。结果显示，近 53 年珠江三角洲区域海平面平均变化速率为 4.08 毫米/年，且存在近期加速上升趋势。

中国海平面变化观测事实表明：1980～2018 年中国沿海海平面总体呈波动上升趋势。中国沿海近 7 年（2012～2018 年）的平均海平面均处于 30 多年来的高位。中国各海区海平面上升速率存在显著的区域差异。南海海平面的上升速率明显高于东海和黄渤海。

（二）气候变化下中国海平面变化预测

气候变暖诱发极地冰川融化、上层海水受热膨胀，造成海平面上升。尽管短期上升过程缓慢，但其长期累积效应明显，对沿海地区的影响广泛而深远。为深入探讨气候变化下中国海平面上升的影响，许多学者开展了中国海平面上升的预测研究。

2018 年的海平面公报表明，预计未来 30 年，渤海、黄海、东海、南海沿海海平面将分别上升 65～165、70～165、65～165 以及 70～170 毫米。王国栋等（2011）利用 1992～2009 年海平面卫星测高仪数据资料，运用小波变换方法对中国东海海平面变化的周平均数据信号进行多尺度周期分析，并通过温特斯（Winters）指数平滑法对未来海平面变化进行预测。结果显示：预计到 2030 年，中国东海海平面将比 2006 年上升 14～15 厘米。张吉等（2014）基于卫星高度计资料和全球简单海洋资料同化分析系统（Simple Ocean Data Assimilation, SODA）温盐数据，利用共同气候系统模式（Community Climate System Model, CCSM），在 RCP4.5 情景下对全球海平面变化趋势的预测模拟结果作为强迫场，用海洋环流模式（Parallel Ocean Program, POP）模拟了 21 世纪中国南海海平面变化。结果显示，在 RCP4.5 情景下，南海海域在 21 世纪末 10 年平均海平面相对于 20 世纪末 10 年上升了 15～39 厘米。王慧等

（2018）基于国际耦合模式比较计划第五阶段（Coupled Model Intercomparison Project Phase 5, CMIP5）的九组气候模式，预测未来不同情景下（RCP2.6、RCP24.5、RCP8.5）中国近海海平面上升幅度。其中在 RCP2.6 情景下，相对于 1986～2005 年平均值，2100 年中国近海平均海平面将上升 0.26～0.70 米；黄渤海平均海平面将上升 0.20～0.65 米；东海平均海平面将上升 0.26～0.73 米；南海平均海平面将上升 0.27～0.68 米。在 RCP4.5 情景下，相对于 1986～2005 年平均值，2100 年中国近海平均海平面将上升 0.35～0.80 米，黄渤海、东海、南海平均海平面将分别上升 0.26～0.79 米、0.33～0.84 米、0.34～0.79 米。在 RCP8.5 情景下，相对于 1986～2005 年平均值，2100 年中国近海平均海平面将上升 0.52～1.09 米，黄渤海、东海、南海平均海平面将分别上升 0.41～4.14 米、0.47～1.22 米、0.49～1.09 米。陈长霖等（Chen *et al.,* 2014）在不考虑冰原和冰川融化的情况下，利用 IPCC-A2 的 CCSM3 模式模拟了渤海、黄海、东海的海平面变化，得到 21 世纪末渤海、黄海、东海海平面将上升 0.12～0.20 米。其中渤海海平面上升幅度相对较大，达 0.17 米，琉球群岛附近的海平面将上升约 0.20 米。

王慧等（2018）基于中国沿海近 50 年海平面变化的周期性、趋势性等规律，采用统计预测模型，以各级行政区为预测单元，对 2050 年、2070 年和 2120 年的中国沿海海平面上升值进行预测。结果表明，海南、上海、江苏、山东和天津沿海海平面上升预测值最高；辽宁、浙江沿海次之；广西、福建、和广东沿海上升最为缓慢。易思等（2017）基于验潮站数据、国家海洋局（State Oceanic Administration, SOA）海平面公报以及 IPCC 第五次评估报告（Fifth Assessment Report, AR5）的 RCP2.6、RCP4.5 和 RCP8.5 排放情景构建了海平面上升预测情景库以全面地反映未来长江口海平面上升的可能情况。结果表明：以 2013 年为基准年，其最佳预测值的范围在 2030 年、2050 年、2100 年分别为 50～217 毫米、118～430 毫米、256～1215 毫米。程和琴等（2015）预测 2030 年上海绝对海平面相对 2011 年上升 4 厘米，而相对海平面上升 10～

16 厘米。对于天津地区，杨曦等（2014）研究表明，预计到 2050 年，其相对海平面将比 2012 年高出 48.3～86.3 厘米，而到 2100 年，将比 2012 年高出 111.8～199.8 厘米。

中国海平面变化预测结果表明：未来 2030 年、2050 年、2100 年中国海平面均会有所上升。各海区及各省（自治区、直辖市）沿海海平面上升幅度有所不同。

（三）气候变化下中国海平面变化的经济损失

中国作为海洋大国，海岸线长达 1.8 万千米，占国界线的 40%。沿海地区不仅人口密集，也是经济最发达的地带。近年来中国沿海海平面持续偏高，其长期累积效应直接造成滩涂损失、低地淹没和生态环境破坏，并导致风暴潮、滨海城市洪涝、咸潮、海岸侵蚀和海水入侵等灾害加重，给沿海地区社会经济发展和人民生产生活造成了不利影响。

根据自然资源部发布的《2018 年中国海洋灾害公报》（自然资源部，2019b），2018 年，中国海洋灾害以风暴潮、海浪、海冰和海岸侵蚀等灾害为主，赤潮、绿潮、海水入侵、土壤盐渍化、咸潮入侵等灾害也有不同程度发生。海洋灾害对中国沿海经济社会发展和海洋生态环境造成了诸多不利影响。各类海洋灾害共造成直接经济损失 47.77 亿元，死亡（含失踪）73 人。与近 10 年（2009～2018 年）平均状况相比，2018 年海洋灾害直接经济损失低于平均值，死亡（含失踪）人数略高于平均值。

气候变化下，中国海平面变化的经济损失主要有以下几个方面：

1. 面积损失

海平面上升会直接造成沿海低洼地带淹没、湿地变迁。康蕾等（Kang et al., 2016）评估了在全球变化和海平面上升的影响下，基于未来海平面上升及风暴潮增水的不同时间情景，估算出 2030、2050 及 2100 年珠三角地区的耕地淹没面积比重不断上升。2030 年珠三角地区低估计情景下的耕地淹没总面积为 95 188.39 公顷，高估计时为 137 726.69 公顷。2050 年两种情景下的耕地淹没面积比 2030 年增加 0.25%和 0.26%，2100 年又比 2050 年分别增加 0.63%和 0.70%。常景程等（Chang *et al.*, 2012）通过研究发现，当海平面上升 1 米时，台湾大约 8 651 公顷的农业区将被淹没；在海平面上升 5 米的极端情况下，40 378 公顷的农业区将被淹没。根据闫白洋（2016）的研究结果，至 2030 年，海平面上升 8.7 厘米，叠加类似 9711 风暴潮将淹没上海市 1.5% 的区域。随着海平面进一步上升，至 2050 年，海平面预计上升 18.6 厘米，叠加类似 9711 风暴潮会破坏金山区、奉贤区、长兴岛、横沙岛海堤和松江区、浦东新区和宝山区防洪堤，导致上海市 37% 的区域将会被淹没。至 2100 年，海平面上升预计为 43.3 厘米，叠加类似 9711 风暴潮将破坏上海市 50% 左右的海堤和防洪堤，导致上海市近 50% 的区域被淹没。易思（2018）探讨了海平面上升对长江口滨海湿地的影响。结果表明：随着海平面上升值的增加，长江口滨海湿地的面积将不断减少。左军成等（Zuo *et al.*, 2013）基于 IPCC A2 温室气体排放情景下海洋—大气耦合模式 CCSM 和海洋模式 POP，结合地壳沉降和冰川融化资料，模拟了 21 世纪中国沿海地区的相对海平面变化。利用航天飞机雷达地形测绘任务（Shuttle Radar Topography Mission, SRTM）高程资料，计算了 100 年一遇极端水位下沿海低地的淹没量。2050 年和 2080 年中国总淹没面积分别为 98.3×10^3 和 104.9×10^3 平方千米。渤海湾沿岸、长三角及邻近江苏、浙北、珠江三角洲三个地区最易受极端海平面上升的影响。2050 年受淹面积分别为 5.0×10^3、64.1×10^3 和 15.3×10^3 平方千米。2080 年受淹面积分别为 5.2×10^3、67.8×10^3 和 17.2×10^3 平方千米。

2. 灾害加剧

海平面上升作为一种缓发性海洋灾害，具有长时间尺度的累积效应，包括加速海岸侵蚀、加重风暴潮灾害、加剧盐水入侵、加重洪涝灾害、加重土壤盐渍化和咸潮等海洋灾害的致灾程度等。余齐伟等（Yu *et al.*, 2018）评估了二十一世纪气候变化引起的海平面上升对香港和珠江三角洲沿海洪涝灾害

的人类损害。结果表明：2100 年海平面将上升 45～70 厘米，在珠江三角洲
地区，100 年一遇的洪水将会造成约 80～200 人死亡和 1.5 万～150 万人员安
置，香港地区分别为 15 万～20 万、2 万～10 万。格里菲斯等（Griffith *et al.*,
2019）模拟了海平面上升对中国东南沿海城市洪水概率的影响。结果表明：
在海平面上升的影响下，中国东南沿海城市在未来 50～100 年内发生洪水的
风险将会增加。另外，孙志林等（2017）分析了未来海平面上升对钱塘江河
口盐水入侵的影响。结果表明：海平面上升使得河口盐度整体有所增大，盐
水入侵距离增加，且小潮期增幅更加明显。根据林峰竹等（2015）关于海岸
侵蚀现状、海平面上升及其影响情况的研究，当前至未来一段时间内，中国
沿海受海平面上升影响的海岸侵蚀灾害脆弱区主要包括山东、江苏、上海、
福建（南部）、广东和海南。其中，山东、江苏和海南受海平面上升影响最为
脆弱。陈洁等（2016）以浙江玉环县为例，开展了海平面上升情景下风暴潮
模拟与潜在危险性评估研究。结果表明：现状条件下玉环县台风风暴潮漫堤
淹没危险性较低，但随着海平面不断上升，其潜在危险性逐渐增大。至 2100
年，台风风暴潮造成的潜在最大淹没深度为 5.44 米，淹没面积达 160.75 平方
千米，占玉环县域总面积的 35.93%。王军等（Wang *et al.*, 2012）预测发现，
以 1997 年为基准年份，上海地区海平面在 2030 年、2050 年、2100 年将分别
上升 86.6 毫米、185.6 毫米和 433.1 毫米，并且在海平面上升、地面沉降、风
暴潮的复合作用下，2030 年上海地区除长兴岛、横沙岛以及邻近的奉贤区和
南汇区（现浦东区）外，海堤和堤坝漫顶洪水的风险非常低。风暴潮将淹没
上海总面积 1.50% 的区域。2050 年，类似于 9711 号风暴潮的洪水风险非常高，
可能发生洪灾的区域包括金山区、南汇区、浦东区、中心城区、宝山区、松
江区、长兴岛和横沙岛以及崇明岛的部分地区，约 37.0% 的区域将被洪水淹
没，820 万人受到影响。2100 年，洪水将会更加严重，除了青浦区、嘉定区
以及松江、闵行、南汇、金山和崇明岛的部分地区外，其他区县都易受洪灾
影响。潭湖岛、大吉山、长兴、吴淞口、外高桥等验潮站的潮位将在 2100 年

达到历史最高值。约 50.0%的上海地区将被洪水淹没，估计有 1 060 万人受到影响。

3. 生态环境恶化

气候变化引起的海平面上升增加了淹没和侵蚀，破坏了生态环境。李响等（2016）从海岸带自然环境和沿海社会经济两个方面，评估了中国沿海各地区海平面上升背景下的海岸带脆弱程度。结果表明：海平面上升对中国沿海城市群密集的地带影响甚大，尤其是环渤海沿岸、珠江三角洲和长江三角洲等三个区域是典型的海平面上升影响的脆弱区。为了确定中国海岸的脆弱地段，殷杰等（Yin *et al*., 2012）利用海平面上升、海岸地貌、海拔、坡度、海岸线侵蚀、土地利用、平均潮差和平均波高等八个物理变量对中国海岸脆弱性进行了评估，并将脆弱性结果划分为四个等级。结果表明，中国 1.8 万千米长的海岸线中，3%的海岸属于极高脆弱等级，主要分布在渤海湾、苏北滨海平原、台湾西南海岸；29%的海岸属于高脆弱等级，主要分布在丹东海岸、辽河三角洲、唐山海岸、黄河三角洲、莱州湾、日照海岸、连云港海岸、长三角、浙南海岸、珠江三角洲和台湾西北海岸；58%的海岸属于中等脆弱，主要分布在辽东半岛、葫芦岛海岸、秦皇岛海岸、山东半岛、台湾东海岸以及杭州湾以南大部分海岸线（珠江三角洲除外）；10%的海岸属于低脆弱等级，主要分布在北部湾、珠江三角洲北部、琼州海峡北部。王守芬等（Wang *et al*., 2013）同样评估了中国沿海海平面上升的脆弱性。结果表明：中国 35%的海岸具有高或极高脆弱性，主要沿渤海湾、苏北沿海平原、长江三角洲、黄河三角洲和台湾西海岸分布。结合以上研究可以发现，中国约 32%～35%的海岸属于高或极高脆弱性，且主要分布在渤海湾、苏北滨海平原、长江三角洲、黄河三角洲、珠江三角洲和台湾西海岸。此外，李莎莎等（Li *et al*., 2015）以中国南方铁山港湾海岸带为例，根据 IPCC 第五次评估报告的当前海平面上升速率（2.9 毫米/年）和 RCP 4.5 情景（至 2100 年海平面将上升 0.53 米）的预测，评估了 2025 年、2050 年以及 2100 年海平面上升对红树林生态系统的威胁。结果表明：采用当前海平面上升率趋势的情景将导致铁山港湾海岸带2025 年、2050 年和 2100 年红树林栖息地分别损失 9.3%、9.6%和 18.2%。在 IPCC 的 RCP4.5 情景下，较高的海平面上升率可能导致 2025 年、2050 年和 2100 年红树林栖息地分别损失 11.1%、12.2%和 25.2%。

4. 社会经济损失

张平等（2017）根据 IPCC 2013 测算的全球平均海平面上升数据以及近年来中国沿海海平面上升速率高于全球平均水平的事实，假设相对于 2000 年，2050 年中国沿海海平面将上升 0.3 米。然后在此基础上，评估了海平面上升叠加风暴潮三种情景对中国沿海各省份海洋经济的影响效应。模拟结果表明：在海平面上升 0.3 米风暴潮与天文潮耦合叠加情景下，全国海洋经济损失最大。2050 年损失达到 35 444.59 亿元，占海洋生产总值的 9.39%。并且在该情景下，从 2050 年各省份海洋经济损失比例来看，辽宁省损失比例最大，其次为广东省、福建省和广西壮族自治区；从各省海洋经济损失的绝对值来看，在海平面上升 0.3 米的三种情景下，广东、辽宁、江苏、山东为海洋经济损失绝对值最大的四个省份。闫白洋等（Yan *et al.*, 2016）以洪水深度、人口密度、人均国内生产总值、单位土地国内生产总值、洪灾损失率、财政收入等为主要指标，建立了社会经济脆弱性评价指标体系，以评估海平面上升对上海地区社会经济发展的影响。结果表明：到 2030 年，99.3%的地区在目前的基础设施下不易受到海平面上升和相关风暴潮的影响。到 2050 年，不脆弱性地区所占面积减少到 62.8%，而低、中、高脆弱性地区所占面积分别增加到 5.3%、8.0%和 23.9%。到 2100 年，不脆弱性地区所占面积进一步减少，而低、中、高脆弱性地区所占面积分别为 12.9%、6.3%和 30.7%。

王铮等（Wang *et al.*, 2017）利用气候变化经济学集成评估平台（Enhanced Multi-Factors Dynamic Regional Integrated Model of Climate and Economy System, EMRICES）评估了海平面上升带来的经济损失。研究共选取四种主流的全球气候减排方案进行探讨分析，分别是正常排放（Business as Usual,

BAU）方案、斯特恩（Stern）方案、诺德豪斯（Nordhaus）方案以及王铮等提出的全球平稳增长的方案（简称有效增长方案），模拟得到各个情景下未来全球海平面上升结果。至 2100 年，正常排放方案、斯特恩方案、诺德豪斯方案以及有效增长方案下海平面相比 2009 年分别上升 94.4 厘米、74.7 厘米、76.8 厘米、76.4 厘米。进一步地，对海平面上升带来的影响进行分析，计算得到在无保护措施下以及有保护措施下，四种情景的面积损失对比如图 6–1 所示。

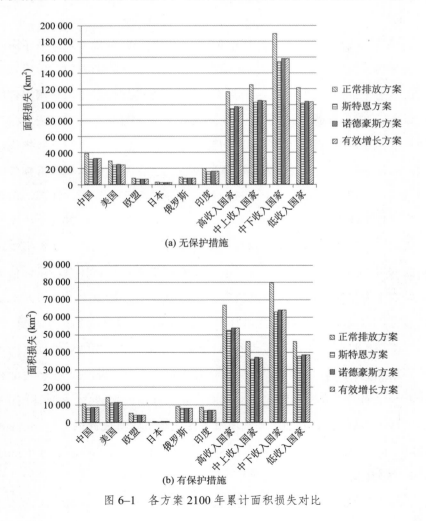

图 6–1　各方案 2100 年累计面积损失对比

可以看出，相比正常排放情景，斯特恩方案、诺德豪斯方案及有效增长方案下各国（地区）面积损失都有所减少。斯特恩方案比有效增长方案情景下的损失略小。面积损失量多少和海平面上升高度成正比。进一步地估算出海平面上升带来的经济损失，如图 6–2 所示。

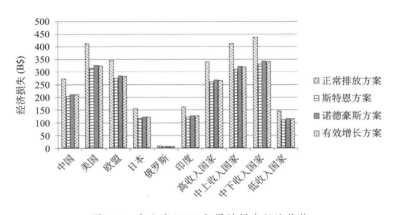

图 6–2 各方案 2100 年累计损失经济价值

由图 6–2 中可以看出，正常排放情景下中等偏下收入国家损失最大，为 4 365.8 亿美元，其次是美国。中国损失也达到了 2 717.7 亿美元。有效增长的情景下，经济损失最大的同样是中等偏下收入国家，为 3 414.7 亿美元，相比基准情景减少了接近 25% 的损失。美国、欧盟等其他国家（地区）的经济损失同样也降低了 20% 多。诺德豪斯情景和有效增长方案的经济损失相差不大，大小趋势基本保持一致。但是这里的损失只考虑了海平面上升造成的直接经济损失，其实有效增长情景、斯特恩情景以及诺德豪斯情景下由于各国（地区）的减排目标和减排力度不一样，对本国经济造成的损失影响必然也不一样。斯特恩情景下更严苛的减排要求对各国（地区）的经济将产生更大的损失影响。最后，利用 SRTM 90 米分辨率的数字高程模型（Digital Elevation Model, DEM）数据，采用地理信息系统（Geography Information System, GIS）技术预测、模拟显示了海平面上升 1 米情况下中国沿海淹没区。模拟得到，全国范围内淹没较为明显的是环渤海沿岸、苏北沿岸以及珠江三角洲。

海平面上升直接造成沿海低洼地带淹没、湿地变迁、沿海防护工程功能降低、城市洪涝风险增加和海水倒灌威胁加大。作为一种缓发性海洋灾害，海平面上升具有长时间尺度的累积效应，包括加速海岸侵蚀、加重风暴潮灾害、加剧盐水入侵、加重土壤盐渍化和咸潮等海洋灾害的致灾程度，破坏生态环境，严重影响着中国沿海地区的经济社会发展，尤其是珠江三角洲地区、长三角及苏北沿岸地区、黄河三角洲和渤海湾地区。

通过以上气候变化下中国海平面变化的观测事实、预测研究以及经济损失研究可以看出：在全球气候变暖背景下，1980～2018 年中国沿海海平面总体呈波动上升趋势。上升速率高于同时段全球平均水平。未来 2030 年、2050 年、2100 年中国沿海海平面均会有所上升。海平面上升造成沿海低洼地带淹没、海岸侵蚀、风暴潮等灾害程度加剧，生态环境恶化等，严重影响着中国沿海地区社会经济的发展，尤其是珠三角地区、长三角及苏北沿岸地区、黄河三角洲和渤海湾地区。

参考文献

Chang, C. C., C. C. Chen and B. McCarl, 2012. Evaluating the Economic Impacts of Crop Yield Change and Sea Level Rise Induced by Climate Change on Taiwan's Agricultural Sector. *Agricultural Economics*, 43(2).

Chen, C., J. Zuo, M. Chen *et al.*, 2017.Sea Level Change under IPCC-A2 Scenario in Bohai, Yellow, and East China Seas. *Water Science and Engineering*, 7(4).

Fang, X. Q., Y. Yu and Z. Z. Zeng, 2007. Extreme Climate Events, Migration for Cultivation and Policies: A Case Study in the Early Qing Dynasty of China. *Science in China Series D* (*Earth Sciences*) 50(3).

Gao, L and A. G. Sam, 2017. Does Climate Matter? An Empirical Study of Interregional Migration in China. *Papers in Regional Science,* 98(1).

Gray, C., H. Douglas and V. Mueller, 2020. The Changing Climate-Migration Relationship in

China, 1989～2011. *Climatic Change*, 160(1).

Griffiths, J. A., F. F. Zhuand, F. K. Shun Chan *et al.*, 2019. Modelling the Impact of Sea-Level Rise on Urban Flood Probability in SE China. *Geoscience Frontiers*, 10(2).

IPCC, 2008. *Climate Change 2007: Working Group I: The physical science basis*. Cambridge University Press, Cambridge.

IPCC, 2014. *Climate Change 2013: The Physical Science Basis. Contribution of Working Group I to the Fifth Assessment Report of the Intergovernmental Panel on Climate Change.*

IPCC, 1990. *Climate Change: The IPCC Scientific Assessment*. Cambridge University Press, Cambridge.

Kalkstein, L., P. Jamason, 1996. The Philadelphia Hot Weather-Health Watch/Warning System: Development and Application. *Bulletin of the American Meteorological Society*, 77(7).

Kang, L., L. Ma and Y. Liu, 2016. Evaluation of Farmland Losses from Sea Level Rise and Storm Surges in the Pearl River Delta Region under Global Climate Change. *Journal of Geographical Sciences,* 26(4).

Li, S., X. Meng, Z. Ge *et al.*, 2015. Evaluation of the Threat from Sea-Level Rise to the Mangrove Ecosystems in Lifechanging Bay, Southern China. *Ocean and Coastal Management*, 109(6).

Myers, N., 1997.Environmental Refugees. *Population and Environment*, 19(2).

Pei, Q., D. D. Zhang, 2014. Long-Term Relationship between Climate Change and Nomadic Migration in Historical China. *Ecology and Society,* 19 (2).

Pei, Q., D. D. Zhang and H. F. Lee, 2016. Contextualizing Human Migration in Different Agro-Ecological Zones in Ancient China. *Quaternary International,* 426(1).

Pei, Q., H. F. Lee and D. D. Zhang, 2017. Long-Term Association between Climate Change and Agriculturalists' Migration in Historical China. *The Holocene*, 8(2).

Shi, G., Q. Lyu, Z. Shangguan *et al.*, 2019. Facing Climate Change: What Drives Internal Migration Decisions in the Karst Rocky Regions of Southwest China. *Sustainability,* 11(7).

Sun, Y., C. Xu, H. Zhang *et al.*, 2017. Migration in Response to Climate Change and Its Impact in China. *International Journal of Climate Change Strategies and Management*, 9(3).

Tan, Y., 2017. Resettlement and Climate Impact: Addressing Migration Intention of Resettled People in West China. *Australian Geographer,* 48(1).

Wang, S., W. Wang, M. Ji *et al.*, 2013.Assessment of Vulnerability to Sea-Level Rise for China's Coast. Geoinformatics (GEOINFORMATICS), 2013 21st International Conference on. IEEE.

Wang, Z., J. Wu, Q. T. Zhu *et al.*, 2012. MRICES: A New Model for Emission Mitigation Strategy Assessment and Its Application. *Georgy Science.* 22(6).

Wang, Z, J. Wu, C. Liu *et al.*, 2017. Integrated Assessment Models of Climate Change

Economics. Springer.

Watts, N., M. Amann, S. Ayeb-Karlsson *et al.*, 2018.The Lancet Countdown on Health and Climate Change: From 25 Years of Inaction to A Global Transformation for Public Health. *The Lancet*, 391(10120).

West, J. J., 2009. Perceptions of Ecological Migration in Inner Mongolia, China: Summary of Fieldwork and Relevance for Climate Adaptation. *CICERO Report*, 05.

Wu. J., R. Mahamod and Z. Wang, 2011. Agent-Based Simulation of the Spatial Evolution of the Historical Population in China, *History Geography*, 37 (1).

Xiao, L., X. Fang and J. Zheng, 2015. Famine, Migration and War: Comparison of Climate Change Impacts and Social Responses in North China Between the Late Ming and Late Qing Dynasties. *Holocene*, 25(6).

Yan. B., S. Li., J. Wang *et al.*, 2016.Socio-Economic Vulnerability of the Megacity of Shanghai (China) to Sea-Level Rise and Associated Storm Surges. *Regional Environmental Change*,16(5).

Ye, Y., X. F. Mohammad and A. U. Khan, 2012. Migration and Reclamation in Northeast China in Response to Climatic Disasters in North China over the Past 300 Years. *Regional Environmental Change,* 12(2).

Yin. J., Z. Yin and W. S. Xu, 2012. National Assessment of Coastal Vulnerability to Sea-Level Rise for the Chinese Coast. *Journal of Coastal Conservation*, 16(1).

Yu. Q., A. K. H. Lau, K. T. Tsang *et al.*, 2018. Human Damage Assessments of Coastal Flooding for Hong Kong and the Pearl River Delta due to Climate Change-Related Sea Level Rise in the Twenty-First Century. *Natural Hazards*, 92.

Zhang, D. D., J. Zhang, H. F. Lee *et al.*, 2007. Climate Change and War Frequency in Eastern China over the Last Millennium. *Human Ecology*, 35(1).

Zhou, H., W. Zhang, Y. Sun *et al.*, 2014. Policy Options to Support Climate-Induced Migration: Insights from Disaster Relief in China. *Mitigation and Adaptation Strategies for Global Change,* 19(3).

Zhou, J. 2011. Climate Change, Health and Migration in Urban China.*Frontiers of Economics in China*, 6(4).

蔡运龙, Barry："全球气候变化下中国农业的脆弱性与适应对策",《地理学报》, 1996 年第 3 期。

陈洁、宋城城、李梦雅等："基于情景的浙江省玉环县台风风暴潮模拟与潜在危险性评估",《华东师范大学学报（自然科学版）》, 2016 年第 3 期。

程和琴、王冬梅、陈吉余："2030 年上海地区相对海平面变化趋势的研究和预测",《气候变化研究进展》, 2015 年第 11 期。

何蕾、李国胜、李阔等："1959 年来珠江三角洲地区的海平面变化与趋势",《地理研究》,

2014 年第 5 期。

胡焕庸："中国人口之分布——附统计表与密度图"，《地理学报》，1935 年第 2 期。

黄存瑞、何依伶、马锐，等："高温热浪的健康效应:从影响评估到应对策略"，《山东大学学报（医学版）》，2018 年第 8 期。

李文善、王慧、张建立等："海平面上升情景下辽东湾海岸侵蚀及影响评估"，《海洋通报》，2019 年第 1 期。

李响、段晓峰、张增健等："中国沿海地区海平面上升脆弱性区划"，《灾害学》，2016 年第 4 期。

林峰竹、王慧、张建立等："中国沿海海岸侵蚀与海平面上升探析"，《海洋开发与管理》，2015 年第 6 期。

潘轶、岳建平、宋亚宏等："1993～2015 年中国南海海平面变化的初步研究"，《地理空间信息》，2017 年第 10 期。

秦大河、张建云、闪淳昌等：《中国极端气候事件和灾害风险管理与适应国家评估报告》，科学出版社，2015 年。

苏亚男、何依伶、马锐等："气候变化背景下高温天气对职业人群劳动生产率的影响"，《环境卫生学杂志》，2018 年第 8 期。

孙志林、李光辉、许丹等："海平面上升对钱塘江河口盐水入侵影响的预测研究"，《中国环境科学》，2017 年第 10 期。

唐国平、李秀彬、Guenther F. 等："气候变化对中国农业生产的影响"，《地理学报》，2000 年第 2 期。

王国栋、康建成、刘超等："中国东海海平面变化多尺度周期分析与预测"，《地球科学进展》，2011 年第 6 期。

王慧、刘秋林、李欢等："海平面变化研究进展"，《海洋信息》，2018 年第 3 期。

王龙："基于 19 年卫星测高数据的中国海海平面变化及其影响因素研究"（硕士论文），中国海洋大学，2013 年。

王铮、夏海斌、田园等："胡焕庸线存在性的大数据分析——中国人口分布特征的生态学及新经济地理学认识"，《生态学报》，2019 年第 14 期。

王铮、张丕远、刘啸雷等："中国生态环境过渡的一个重要地带"，《生态学报》，1995 年第 3 期。

王铮、张丕远、周清波："历史气候变化对中国社会发展的影响——兼论人地关系"，《地理学报》，1996 年第 4 期。

王铮、郑一萍："全球变化对中国粮食安全的影响分析"《地理研究》，2001 年第 3 期。

夏海斌、王铮："中国大陆空间结构分异的进化"，《地理研究》，2012 年第 12 期。

闫白洋："海平面上升叠加风暴潮影响下上海市社会经济脆弱性评价"（硕士论文），2016 年。

杨曦、王中良："天津地区相对海平面变化最新进展及发展趋势分析"，《地球与环境》，

2014 年第 2 期。

易思、谭金凯、李梦雅等："长江口海平面上升预测及其对滨海湿地影响"，《气候变化研究进展》，2017 年第 6 期。

易思:"海平面上升与可能最大风暴潮复合作用的风险评估及其适应策略研究"（硕士论文），2018 年。

张吉、左军成、李娟等："RCP4.5 情景下预测 21 世纪南海海平面变化"，《海洋学报》，2014 年第 11 期。

张静、方明强："1993～2012 年中国海海平面上升趋势"，《中国海洋大学学报（自然科学版）》，2015 年第 1 期。

张丕远、王铮、刘啸雷等："中国近 2000 年来气候演变的阶段性"，《中国科学》，1994 年第 9 期。

张平、孔昊、王代锋等："海平面上升叠加风暴潮对 2050 年中国海洋经济的影响研究"，《海洋环境科学》，2017 年第 1 期。

中华人民共和国自然资源部.中国海平面公报[EB/OL]. [2019a-05-10]. http://www.mnr.gov.cn/sj/sjfw/hy/gbgg/zghpmgb/

中华人民共和国自然资源部.中国海洋灾害公报[EB/OL]. [2019b-05-10]. http://m.lc.mlr.gov.cn/sj/sjfw/hy/gbgg/zghyzhgb/

第七章　气候变化下的人地关系协调——气候治理

第一节　国际气候治理

《巴黎协定》之后，许多国家正在执行其自主减排方案，然而，应对气候变化还需要更多国家付出更多的努力。而发展经济与减少碳排放量对很多国家而言，始终是一种矛盾的选择，这样就形成了各国在二氧化碳减排问题上的博弈。中国正处于经济高速发展时期，二氧化碳排放量也升至全球首位。中国不可避免地将参与到全球二氧化碳减排中。寻找全球利益共同改进的方案可能是应对气候变化的一种选择，即帕累托改进方案。

就全球至 2100 年升温控制在 2 摄氏度以内的目标而言，在《巴黎协定》背景下，即使发达国家和发展中国家于 2050 年分别比 1990 年减排 80%和50%，并在 2100 年基本达到零排放。中国、美国、日本、欧盟、高收入国家、中等收入国家、低收入国家七个国家（地区）都不减排、部分减排、全参与减排时，全球至 2100 年的温度仍将高于 2 摄氏度或先突破 2 摄氏度再下降至2 摄氏度以下，但都不能完全有效地控温在 2 摄氏度以内。如果要实现 2 摄氏度以内的目标，则要求采取惩罚措施。

一、国际气候博弈的帕累托改进方案

对于减排方案的研究国内外有很多，比如诺德豪斯等（Nordhuas *et al.*, 2000）、斯特恩（Stern，2007）、陈文颖等（2005）、丁仲礼等（2009）、王铮等（2012）等。这些研究提出的减排方案很多是基于单一原则提出的，比如"人均碳排放均等""累积人均碳排放均等"等。王铮等（2012）综合考虑了经济发展的需求，提出了"平稳增长减排方案"。这些研究为促进全球达成减排协议有积极的意义，但它们都没有考虑到各个国家对减排方案的接受意愿，因此也很难促成各国达成统一减排的方案。博弈论方法可以考虑到各国对方案的接受意愿，并且还能考虑到对其它国家或地区减排力度的反馈，因此基于博弈视角研究全球减排合作具有重大意义。

目前，许多学者已经就全球温室气体减排的博弈展开了分析。这方面的研究大致可以分为两类。一类是研究全球就气候保护中某个局部问题进行探讨。比如谢夫兰等（Scheffran *et al.*, 2000）讨论联合履约机制下的国际合作的可能。巴比克（Babiker，2001）采用 CGE 模型，在博弈框架下研究了《京都议定书》的附件一——国家执行减排承诺的可能性。卡帕罗斯等（Caparros *et al.*, 2004）讨论了在不完全信息下的发达国家和不发达国家的碳减排博弈问题。肯费特等（Kemfert *et al.*, 2004）讨论了国际贸易影响下的各国气候减排合作问题。豪里等（Haurie *et al.*, 2006）构建了一个基于碳排放交易的微分博弈模型。塔沃尼等（Tavoni *et al.*, 2011）采用实验经济学的办法，模拟了具有不同禀赋的人群在不确定环境下的减排合作的问题。另一类模型则关注于全球实现减排方案的达成，如塔沃尼等（Tavoni *et al.*, 1996）将全球划分为五个区域，并研究各国的博弈策略情况。杨自力（Yang *et al.*, 2010）采用 RICE 模型，研究了各国非合作的纳什均衡，并讨论了在"不变色"的原则下碳配额分配的可行性。这些研究所采用的模型有的是基于 IAM 提出的，比如肯费特等（Kemfert *et al.*, 2004）和杨自力（Yang *et al.*, 2010）的工作分别基于世界通用均衡模型（World Applied General Equilibrium Model, WAGEM）模型和 RICE 模型完成。这些模型对气候变化以及经济发展方面都有详细的描述。而其他的研究中所采用的模型则简化了这些方程，更侧重于博弈机制的表达，但这些模型有一些共同的缺陷。首先这些模型更多的是将博弈策略限定在基准情景的减排率上，并没有从全球碳排放总量控制角度出发研究问题。而实现 IPCC 减排目标的实际有效的减排方案应当是总量减排。第二，这些模型很少从气候伦理学角度考虑问题。刘筱等（2014）认为帕累托改进的减排方案可能是全球达成一致的减排方案的根本保障。

刘昌新等（2016）提出了合作减排方案的原则。其内容包括两点：第一，满足减排要求，具体为 2100 年的全球温度不超过 2 摄氏度；第二，满足帕累托改进原则，即提倡一种在帕累托改进的原则下全球各国不因减排而使自己受损。与 IPCC 的 RCP 情景相比，刘昌新等（2016）的方案介于 RCP4.5 与 RCP2.6 之间。在 RCP2.6 情景中，21 世纪后半叶二氧化碳将进入负排放。这意味着 RCP2.6 情景将比本方案的减排力度更加严格。最主要的差别在于 2050 年之后，该方案要求各个国家维持 2050 年的水平即可，而 RCP2.6 要求碳排放量持续下降。从气候变化的结果上看，两者的差别在于，RCP2.6 情景下，全球碳浓度将在 2100 年之前达到峰值，全球温度将永远不会超过 2 摄氏度。而本方案，碳浓度值虽然增速下降，但在 2100 年之前并未达到峰值，只能保证 2100 年之前温度不会超过 2 摄氏度。2100 年之后温度仍然有可能突破 2 摄氏度。

贴现率会影响到全球合作减排方案的帕累托改进的特性。总的来说，贴现率越低，满足帕累托改进特性的方案就越多，反之亦然。贴现率上的差异引来了众多学者的争论（Mendelsohn, 2006; Stern, 2006; Nordhaus, 2007; Weitzman, 2007）。贴现率体现了人们现在对未来利益的重视程度。贴现率越高，说明人们越不重视未来的福利或者认为未来的福利贴现到现在的值小，反之，则说明人们越重视未来的福利。贝克曼等（Beckerman *et al.*, 2007）则把贴现率的争论上升到伦理问题，认为这是反映代际公平的重要参数。

假设世界各个国家对代际公平的认识基本一致，那么区别各个国家的贴现率将最终取决于各个国家的经济增长率。一个显然的结论是：一个国家的贴现率越高，其累积福利越不容易被改善。从而，其参与减排的可能性就越小。不同国家的贴现率之间可能是存在差异的。总体而言，发展中国家目前处于高速基础设施更新与建设之中，经济增长较快；而发达国家的基础设施已经基本建设完毕，经济增长平稳而缓慢。因此发展中国家的贴现率可能会高于发达国家。

二、《巴黎协定》背景下全球减排博弈模拟

2016 年 11 月《巴黎协定》正式生效，为全球气候治理开启了一个新的征程，但 2030 年以后的全球减排路径需要进一步的研究与探讨。然而，由于气候变化问题的外部性，各国在应对气候变化行动中具有强烈的"搭便车"动机（Ecchia *et al.*,1998；Carraro *et al.*, 2013）。这加剧了全球范围内达成长期减排协议的难度。当前气候变化已经并非只是简单的环境问题，而是各个国家基于经济、社会、政治、环境等各方面的综合博弈（潘家华，2008；庄贵阳，2008）。吴静等（2018）在《巴黎协定》世界主要国家已经提出的无条件自主减排（National Determined Contributions, NDC）目标的基础上，通过构建一个应对气候变化集成评估的全球多国（地区）气候博弈集成评估模拟系统（RIACG, Regional Integrated Assessment model for Climate Gaming）模型，对各国未来长期的减排策略博弈展开模拟研究。

科学研究证据显示，为了使 2100 年全球升温不超出 2 摄氏度，所有国家都必须进行减排。其中，发达国家至 2050 年排放量需比 1990 年水平降低 80%～95%（Magyar, 2011）。与此一致的，斯特恩（Stern）在 2008 年的《斯

特恩报告》中也认为发达国家需要展开有效的减排，即至 2050 年排放量比
1990 年降低 80%。而另一方面，在哥本哈根气候变化大会上，发展中国家也
被要求至 2050 年排放量比 1990 年降低 50%。因此，吴静等（2018）假设各
国至 2050 年的减排方案为：美国、欧盟、日本、俄罗斯至 2050 年减排 80%，
而中国、印度至 2050 年减排 50%。世界其他地区作为一个同时包含发达国家
和发展中国家的集团，因此，为了满足该集团内国家发展水平的不均衡性，
假设至 2050 年各国减排 40%。

　　然而，至 2050 年发达国家和发展中国家分别减排 80% 和 50% 仍不能满
足 2100 年全球升温控制在 2 摄氏度的目标。根据 IPCC 第五次评估报告，为
了使升温控制在 2 摄氏度，至 2080～2100 年全球需要基本实现零排放。因此，
中国、美国、日本、欧盟、高收入国家、中等收入国家、低收入国家七个国
家（地区）至 2100 年的减排目标为基本实现零排放。结合各国在哥本哈根气
候大会以及 INDC 中已经提出的至 2020、2025、2030 年的减排计划。涉及各
国家长期的减排方案如表 7–1 所示。

表 7–1　至 2100 年各国家集团分阶段减排方案

国家（地区）	2020	2025	2030	2050	2100
美国	−17%（2005）	−26%～−28%（2005）		−80%（1990）	基本达到零排放
欧盟	−20%（1990）	—	− 40%（1990）	−80%（1990）	基本达到零排放
日本	−25%（1990）	—	−26%（2013）	−80%（1990）	基本达到零排放
俄罗斯	−15%～−25%（1990）	—	−25%～−30%（1990）	−80%（1990）	基本达到零排放
中国	−40%～−45%*（2005）	—	−60%～−65%*（2005）	−50%（1990）	基本达到零排放

续表

国家（地区）	2020	2025	2030	2050	2100
印度	−20%～−25%* （2005）	—	−33%～−35%* （2005）	−50% （1990）	基本达到零排放
世界其他地区	—	—	15.5% （2010）	−40% （1990）	基本达到零排放

* 表示为排放强度降低的排放减缓目标

若世界各国仍维持《巴黎协定》中的减排目标不变，则 2030 年至 2050 年的减排力度成为控制全球升温在 2 摄氏度以内的关键时期。全球减排面临极大的挑战。为此，COP21 大会 1 号文件给出了由各国提升减排力度的时间窗口，并邀请 IPCC 于 2018 年发布关于 1.5 度的特别报告，以及 2018 年将要召开的促进性对话，旨在促进各方不断提升 2030 年之前的减排力度。这将有助于缓解 2030～2050 年的减排压力，加大至 2100 年升温控制在 2 摄氏度以下的可能性。

然而，当前世界范围内对于至 2050 年的减排方案仍未达成一致，故吴静等（2018）所假设的发达国家和发展中国家至 2050 年的减排方案以及至 2100 年的减排方案均只是一个未来减排的参考。而当各国至 2050 年的减排方案发生变化时，各国未来的减排成本、各国从不减排到减排的政策响应临界点都将随之而变。为此该研究所得到的各惩罚政策响应临界点只是针对发达国家和发展中国家至 2050 年分别减排 80% 和 50% 情景下的政策响应阈值。未来的研究工作可针对不同减排水平下的政策响应展开进一步研究。

三、新技术应用对气候治理的影响

数字化技术是实现全球可持续发展目标的重要技术创新驱动，尤其在应对因气候变化引起的全球灾害问题，其是实现气候变化目标的必要技术保障

（UN, 2020）。为了积极响应联合国可持续发展目标号召，缓解小岛屿发展中国家、最不发达国家及其他发展中国家发展过程中面临的气候变化困境，探索全球合作模式，创新新兴技术对可持续发展目标的干预，尤其是因气候变化引起的全球性问题，本节探讨前沿技术在帮助评估、缓解和适应气候变化方面的巨大潜力。利用这些技术应对气候变化是加快实现可持续发展目标，特别是可持续发展目标的有效途径。

前沿技术可以从根本上改变我们的日常生活方式，尤其是应对和实现全球气候目标，其通过不断地收集数据和信息，建立了更短的反馈环路。理论上，这些反馈环路可以随着时间的推移实现更好的决策。前沿技术在帮助评估、缓解和适应气候变化方面有巨大潜力，利用这些技术应对气候变化是加快实现可持续发展目标的重要机会。前沿技术正在帮助应对气候变化，推动可持续性和环境复原力，并增强全球协作应对能力。前沿技术在气候变化和应对方面的应用，已经改善许多人的福祉。通过 AI 技术，可以建立智能交通系统，实现减少空气污染、减少自然灾害、废物优化循环利用的目的。AI 技术还显著提升电力系统效率（Inderwildi *et al.*, 2020）。物联网则是减少二氧化碳和温室气体排放的有效途径。第五代移动通信技术（5G，5th Generation Mobile Networks）技术可以帮助建立智能水供应管理系统，从而降低水文风险。数字孪生技术通过进行灾害风险的事前、事中和事后规划，有效提高环境恢复力。数字化和大数据技术则明显区别于传统模式，能够有效提高农业效率和粮食安全保障。空间技术可以监测冰覆盖面变化程度，以帮助准确预测海平面上升和全球天气模式。在气候变化的背景下，机器人技术可以提供几个切实的好处。如通过监测防止有害温室气体的排放，预防污染和减少排放；优化精密制造工艺，降低能耗；提高机器人的精密强度，最小化对更大、更低效机器的需求；通过更有效地使用原材料来减少产品浪费。

第二节　1.5摄氏度温升和NDC目标下减排方案的研究

继《哥本哈根协议》倡导的将全球地表升温幅度控制在较工业化前上升2摄氏度以内的气候保护目标以后，1.5摄氏度也开始成为应对气候变化的全球温控目标之一。到2025年，基于NDC的减排承诺，1.5摄氏度温升目标下全球仅剩17吉吨二氧化碳。到2030年，基于NDC的排放已经超过了1.5摄氏度目标的排放量。到2100年前，全球不仅需要立即采取强有力的减排，更必须实现负排放才有可能实现1.5摄氏度目标。

全球1.5摄氏度目标下，中国的二氧化碳排放量必须迅速降低，并在2050年至2060年之间达到零排放。中国的能源系统需要从现在开始快速过渡到化石燃料的大幅减少，并需要大幅增加用电量。在针对1.5摄氏度控制目标下全球及中国的应对措施方面，中国应重视和加强地球工程研究与应对并提出相应的政策建议。

一、中国学者对于1.5摄氏度地表升温控制的可能性及其对气候环境影响的研究

《巴黎协定》要求缔约方以"国家自主贡献"的形式进行自主减排，以争取将全球平均气温升幅控制较工业化前水平提高2摄氏度以内，并努力将气温升幅限制在较工业化前水平提高1.5摄氏度以内。相比于2摄氏度目标，1.5摄氏度目标对全球减缓行动的要求更为严苛（张永香等，2017）。张永香等（2017）综合多家研究机构的研究结果，对1.5摄氏度全球温控目标进行了分析，认为UNFCCC各缔约方在巴黎气候大会上承诺的NDC/INDC减排目

标相对于实现1.5摄氏度目标而言仍有很大的差距。更加严格的减排约束对中国而言既是挑战，又是改变世界政治经济格局的巨大机遇。姜克隽（2019）分析了当前中国的碳排放和碳强度下降趋势、国际低碳技术发展进程和新能源产业发展前景，对中国在1.5摄氏度目标下预计的达到碳排放高峰的时间进行预测，认为一个强力的2050年减排战略符合中国社会经济发展方向，有利于中国社会经济发展。

尽管相比较于国际上，兰杰等（Ranger et al., 2012）早在2012年就在简单概率气候模型的基础上提出了全球实现地表升温1.5摄氏度的碳排放路径。中国学者对1.5摄氏度升温控制的研究较晚，但是已经涌现出大量重要的研究成果。

在1.5摄氏度升温发生问题上，周梦子等（2018）利用CMIP5耦合气候模式的模拟结果，分析了不同排放情景下1.5摄氏度和2摄氏度升温阈值出现的时间。结果表明在RCP2.6、RCP4.5和RCP8.5情景下，全球地表升温幅度都将在2030年前突破1.5摄氏度。季涤非等（2019）针对气候模式内部变率对模拟结果造成的不确定性，基于CMIP5的多模式数据，研究了模式内部变率对1.5摄氏度升温阈值出现时间不确定性的影响以及对未来排放情景的敏感性。

在1.5摄氏度升温背景下的气候影响方面，在大区域范围内气候变化的影响中，王铮等（Wang et al., 2017）采用三组集合全球气候模型模拟，研究了在1.5摄氏度和2摄氏度全球变暖情景下与经济损失和人员伤亡密切相关的全球气候极端事件的变化。王铮等（Wang et al., 2017）采用CMIP5下的多种气候模型，研究了全球升温1.5摄氏度情景下极端厄尔尼诺事件发生率的变化，认为厄尔尼诺的发生概率随地表升温线性增长，至升温1.5摄氏度是概率翻倍，但是拉尼娜现象的发生概率几乎不变。孔莹等（2017）基于耦合模式比较计划第5阶段（CMIP5）的17个全球气候模式，预估了全球升温1.5摄氏度发生的时间和1.5摄氏度发生时北半球冻土和积雪的变化。王安乾等（2017）基于区域气候模型的小尺度建模（Consortium for Small-Scale Modelling-Climate Mode, COSMO-CLM）模拟的逐日最低气温数据及 2000 年中国土地利用数据，以全球升温 1.5℃为目标研究中国极端低温事件变化特征、最强极端低温事件强度与面积关系和最强中心空间分布，分析极端低温事件下耕地面积暴露度的变化规律。刘俸霞等（2017）结合 IPCC 发布的五种共享社会经济路径，基于第六次人口普查数据和分省人口模型，研究了在全球升温控制在 1.5 摄氏度和 2.0 摄氏度目标下中国以及各省份年龄、性别、教育水平的人口演变和分布特征。蔡文炬等（Cai *et al.*, 2018）研究了 1.5 摄氏度升温条件对极端印度洋正偶极子出现概率的影响，认为这一概率随温度升高而上升，但是随升温的停止而稳定下来。苏布达等（2018）基于 17 个全球气候模式 1961～2100 年逐月蒸散发输出，分析了全球升温 1.5 摄氏度情景下中国实际蒸散发时空变化特征，认为随着全球变暖，中国实际蒸散发呈现上升趋势，可能加剧区域干旱事件，对农业生产带来不利影响。秦雅（2018）利用长时间序列的农气站点记录数据、气候数据和土壤数据，结合作物生长模型的农业技术转移决策支持系统（Decision Support System for Agro-Technology Transfer, DSSAT）综合评估中国玉米主产区内气候变化对玉米生长的影响，预测全球升温 1.5 摄氏度情景下中国玉米各项生产指标的变化规律。

在 1.5 摄氏度升温对局部气候特征的影响研究中，阮甜等（2017）采用 GFDL、Had、IPSL 和 MIROC 这四个 GCM 数据驱动 SWIM、SWAT、HBV 和 VIC 水文模型，研究了 2 摄氏度和 1.5 摄氏度下长江寸滩站以上流域径流量。刘俸霞等（2017）基于长江中下游地区 1961～2100 年 COSMO-CLM 模拟与同期气象站观测的逐日降水数据。通过统计计算年降水量、强降水量、暴雨日数和极端降水贡献率，研究全球升温 1.5 摄氏度情景下，长江中下游地区极端降水的时空变化特征。陈雪等（2018）基于气象观测站的逐日气压、风速和降水量数据确定致灾气旋阈值，结合 COSMO-CLM，分析全球升温 1.5 摄氏度情景下中国东南沿海地区致灾气旋时空变化特征。

二、中国学者对 1.5 摄氏度控制目标下全球及中国的应对措施方面研究

在针对 1.5 摄氏度控制目标下全球及中国的应对措施方面,陈迎等(2017)就中国应重视和加强地球工程研究与应对提出政策建议,认为实现 1.5 摄氏度目标对全球减排提出更高的要求。常规减排技术和政策也很难完成任务。而地球工程范畴的碳移除技术已经包含在《巴黎协定》中,并指出要将地球工程纳入中国应对气候变化的战略大框架,加强地球工程科学研究,积极参与地球工程国际治理,合理发出中国声音。顾高翔等(Gu *et al.*, 2018, 2019)采用集成评估模型 CIECIA 研究了投资率提高对实现各国 NDC/INDC 目标和 1.5 摄氏度升温控制目标的作用,认为采用提高低碳研发投资率的方式实现 1.5 摄氏度目标将付出较大的经济代价。孔锋等(2019)研究了采用北京师范大学地球系统模型(Climate and Earth System Modeling at Beijing Normal University, BNU-ESM)模式的地球工程下对 1.5 摄氏度温控目标的实现效果,以及其对中国气温的影响以及区域差异。研究结果认为地球工程的实施显著降低了中国年均气温,有助于 1.5 摄氏度温控目标的实现,且地球工程实施结束后并未产生气温的报复性反弹。

三、中国学者对 1.5 摄氏度升温控制目标提出的减排政策情景研究

在针对 1.5 摄氏度控制目标下中国的减排方案和情景研究方面,崔学勤等(2016)基于气候公平的不同原则,建立公平分配未来碳排放空间的综合性框架,以此为基础分析了 2 摄氏度和 1.5 摄氏度目标对中国 INDC 力度以及长期排放路径的影响。研究结果表明在 1.5 摄氏度目标下,中国在四个方案下均无法满足减排要求。1.5 摄氏度目标下,中国 2050 年排放相对 2010 年

下降率需要再增加约 15 个百分点。中国应尽早启动制定长期低碳发展战略的政策研究进程。崔学勤等（2016）对 1.5 摄氏度目标下全球碳预算的区间进行分析，比较了碳预算约束下不同排放路径对关键时间点的减排要求，分析了排放峰值及碳中和的时间要求和对负排放技术的需求等方面的影响。研究结果表明排放量分配方案对美欧较为有利，而减排量分配方案对中印较为有利。顾高翔等（2017）使用集成评估模型 CIECIA，分别基于全程和终期两种 1.5 摄氏度温控目标设置了全球合作减排方案，对其气候有效性和经济可行性进行评价。研究结果发现实现全程 1.5 摄氏度升温控制目标需要各国在 NDC 目标年后立即实现净零排放。终期 1.5 摄氏度目标带来的净零排放缓冲期可以使因减排经济受损的国家获得减排缓冲，实现碳减排过程的帕累托改进。江雷文等（Jiang *et al.*, 2018）对全球 1.5 摄氏度途径和预算下中国的排放路径进行了分析，认为中国的二氧化碳排放量必须迅速降低，并在 2050 年至 2060 年之间达到零排放。中国的能源系统需要从现在开始快速过渡到化石燃料的大幅减少，并需要大幅增加用电量。

第三节　中国的能源消费空间格局与生活碳排放的治理

中国能源碳排放空间分布的低—低聚集区主要分布在西部地区和海南的格局没有改变，但西部地区的低—低聚集区范围有所减少。这表明西部地区工业化和城市化水平的提高增加了其能源消耗。在东北老工业基地发展放缓的影响下，辽宁的高—高聚集区全部转变为不显著区；广东的高—高聚集区从无到有；长江三角洲的部分地区被同化为高—高聚集区；京津冀地区的高—高聚集区扩展到山东的大部分地区。

家庭生活碳排放是总体碳排放的主要组成部分，特别是在当前中国城镇化和工业化加速发展阶段，随着居民收入水平的升高，其能源使用需求也在大幅增长。在 2011 年中国家庭生活能源消费就已经占到国内能源消费总量的 11.23%，仅次于工业制造。从历史趋势上看家庭生活带来的碳排放几乎抵消了技术进步带来的减排效果。在对不同收入条件下的家庭生活能源使用和碳排放的谱分析中发现，能源消耗差异是不同收入家庭碳排放差别显著的主要原因。不同收入家庭消费引起的碳排放排序差别较大。收入水平是造成不同家庭能源消耗和碳排放差异的主要原因。随着城镇化的推进，家庭生活碳排放将向发展型消费方向转变，需要国家进行合理引导，推广合理消费理念，避免奢侈性消费和过度消费倾向。

一、中国能源使用状况与碳排放估计

能源是支撑人类生存和社会经济发展的重要基础物质。伴随着经济的高速发展，中国的能源消费从 1980 年的 6.03 亿吨标准煤增长至 2017 年的 44.9 万吨标准煤（《BP 世界能源统计年鉴》，2018）。中国可能已经超越美国成为能源消耗第一大国。在全球尺度上，谢彦华等（Xie *et al.*, 2016）建立了夜间灯光和总能耗之间的固定时间效应面板模型，并发现在全球和区域尺度，两者之间都显著正相关，除了中东、北非地区（Middle East and North Africa, MENA）以及撒哈拉以南的非洲地区（Sub-Saharan Africa, SSA），其他地区均达到 0.8 以上。东亚和太平洋地区（East Asia and Pacific, EAP）更是达到了 0.965 2。与此同时，中国能源对外依存度不断上升。这种供需不平衡的现状深刻地影响着中国的能源安全和经济发展。同时，大量能源消费所带来的温室效应、空气污染等问题亟待解决。因此，为积极应对气候变化、制定合理的减排政策，中国政府对能源使用和碳排放动态监测和技术的研究显得尤为重视。

中国对国内外测算二氧化碳排放的测算方法，使用了多种方法，主要有排放因子法、投入产出法、生命周期法、模型法、决策树法等（钟悦之，2011；谢园方，2012；刘明达等，2014；刘菁等，2017）。在利用排放因子法估算碳排放的研究中，中国使用最多的是较为成熟和简单的政府间气候变化专门委员会（Intergovernmental Panel on Climate Change, IPCC）清单法。此方法源于 2006 年《IPCC 国家温室气体指南》，具有一定的权威性，一般用于宏观尺度的碳排放估算。投入产出表反映了国民经济中各产业、各部门间的内在联系，因此投入产出模型被用来测度不同部门的直接碳排放量和间接碳排放量。这些方法在碳排放的估算上得到了很多有益的结论。如王铮等（2008）通过构造各省平均碳排放系数，核算了由能源消费导致的碳排放量，发现能源结构以煤炭为主的山西以及产业结构以第二产业为主的山东等省份的碳排放较高。而北京、上海等发展水平较高的地区的减排效果较为明显。任志娟（2014）利用分地区能源平衡表上的一次能源的终端消费量和不同能源的碳排放系数计算了 2003~2010 年中国 30 个省份的碳排放，并根据人均国内生产总值（Gross Domestic Product, GDP）、人均碳排放、单位 GDP 能耗将 30 个省份划分为五大类，其中上海和天津属于高水平、高排放、低能耗地区；山西、贵州、内蒙古、宁夏属于低水平、高排放、高能耗地区。王少剑等（Wang et al., 2015）结合碳排放系数、各种化石能源消费量和水泥产量核算了 1990、1995、2000、2005 和 2010 年北京、上海、天津、重庆和广州五大城市的碳排放量，发现在五个年份上海的碳排放量均明显高于另外四个城市，这可能因为上海是中国工业基地。刘贤赵等（2019）利用 IPCC 推荐的参考方法分别核算了全国 30 个省份 1995~2015 年的碳排放量，其认为省份碳排放在空间上显著正相关，但这种相关性逐渐减弱，同时还从东向西、从北向南呈梯级分布。这在隐含碳排放的估算中广泛应用。生命周期法常被用于易划分为不同生命周期阶段的微观研究对象，且侧重于过程分析。

到 2016 年为止，中国大陆 30 个省份中的 21 个省份的能源消耗已跨过了亿吨标准煤的门槛。其中山东的最多，为 3.87 亿吨标准煤；其次是广东和江苏；能源消耗最少的是海南，只有 0.2 亿吨标准煤。同时，山东、广东和江苏三省份也是能源消耗量增长最多的省份，分别增长了 2.99、2.39、2.30 亿吨标准煤；海南则是增长最少的省份，只增长了 0.17 亿吨标准煤。山东、广东和江苏属于中国经济发展水平高的省份，GDP 总量长期占据前三名，而海南省省域面积较小，且长期以旅游业为支柱产业。

陈国谦等（Chen *et al.*, 2010）列出了中国 2007 年由人类活动导致的二氧化碳（CO_2）、甲烷（CH_4）、一氧化二氮（N_2O）等温室气体的具体排放量，并结合投入产出分析揭示了最终消费和国际贸易的隐含碳排放。结果表明中国是隐含温室气体排放的净出口国。王文治等（2016）采用世界投入产出数据，并将贸易利益作为分配系数，分配中国与各国的贸易隐含碳排放余额，得出了发达国家向中国进行碳转移的结论。米志付等（Mi *et al.*, 2017）利用编制的中国 2012 年多区域投入产出表，研究了 2007～2012 年国内外贸易中碳排放格局的变化。结果表明中国西南地区等从净排放出口区域转变为净排放进口区域，同时中国对外贸易隐含碳排放量下降，发展中国家成为中国碳排放出口的主要目的地。此外，投入产出表还被用于区域之间的碳转移问题。如王安静等（2017）定量测算了 30 个省份以及八大区域的净碳转移。研究发现经济发达省份与欠发达省份间存在明显的碳转移。孟博等（Meng *et al.*, 2017）根据 2007 年和 2010 年中国区域间投入产出表，探讨了中国区域异质性和溢出效应对碳排放增长的作用。其认为对某些地区而言，其他地区的溢出总效应比地区内效应对地区碳排放增长的影响更大。

二、中国能源碳排放的地理空间状况

中国关于能源使用空间状况的研究多集中在省域尺度。任志远等（2008）测度了中国能源产出和消耗重心的变化。两者均不同程度地向西向南移动。徐超等（2017）将全国划分为八大经济区，定量分析了 1996～2013 年总能耗的空间差异，结果显示地区间差异起主要作用。其还在研究细颗粒物（Fine Particulate Matter, $PM_{2.5}$）与能源消费的关系时，绘制了 1998～2000 年每三年单位面积能源消耗总量平均值的分布图（徐超等，2018），但限于研究目的并未进一步分析。

近年，学术界普遍认为夜间灯光数据可以反映区域性能源使用状况，认为它可以探测到城市、局域居住地、车流等不同强度的灯光，客观且实时地反映人类社会生产和生活动态。近年来的研究证明借助夜间灯光数据估算碳排放具有一定的可行性（苏泳娴等，2013；Meng *et al.*, 2014；Shi *et al.*, 2016；马忠玉等，2017）。

实际上，夜间灯光数据所捕捉到的灯光不仅由电力消费产生的，还包括其他能源消耗产生的，如汽车消耗石油能源也产生灯光（吴健生等，2014）。夜间灯光数据不仅可以明确记录用于照明的电力能源消耗，还隐式地捕捉用于加热、冷却和运输等其他用途的能源消耗（Xie *et al.*, 2016）。在国家尺度上，吴健生等（2014）基于夜间灯光总值和省级能源统计量之间的线性关系，重建了中国 30 个省份 1995～2009 年地级市能源消费量的时空变化。白彩全（2016）融合美国国防军事气象卫星搭载的线性扫描系统（Defense Meteorological Satellite Program's Operational Linescan System, DMSP/OLS）、中分辨率成像光谱仪（Moderate-Resolution Imaging Spectroradiometer, MODIS）和数字高程模型（Digital Elevation Model, DEM）建立海拔修正后的植被调整的标准化城市指数（Vegetation Adjusted Normalized Urban Index,

VANUI），然后基于 VANUI 指数和能源统计数据之间的二次多项式关系，估计了 2000～2010 年中国各地级市的能源消费量。在省域尺度上，张福文（2015）利用 1992～2012 年夜间灯光数据与能源统计数据之间的三次函数，研究了广西壮族自治区各地级市的能源消费特征。肖宏伟等 （Xiao *et al.*, 2018） 先分别建立了夜间灯光和人均能源消费、单位地区能源消费之间的时空地理加权回归模型，再结合人口规模、省域面积模拟得到各省 2000～2013 年的能源消费量。结果表明利用夜间灯光数据快速估算中国省域能源消费量是可行的。

针对中国的能源使用与碳排放状况，田丽（2019）基于夜间灯光数据动态监测了中国的这种能源使用的空间动态。对比 1995、2000、2005、2010、2015、2016 年的空间分布，不同聚集类型的位置呈现出相对的稳定性。高—高聚集区主要分布在河北、河南和山东。这三个省份是中国的人口大省，产业结构以工业为主，消耗了大量能源。1995 年，三省的能源消耗都在 6 400 万吨以上。2010 年，三省的能源消耗都超过了 2 亿吨。从 2005 年开始，三省一直占据能源消耗排行榜的前五位。这也使得其成为冬季雾霾最集中最严重的区域之一。由于紧邻河南、山东、江苏等能源消费大省，安徽形成了高—低聚集区。在西部地区，四川是人口规模最大的省份，省内的攀枝花、德阳等都为重工业城市，能源消耗量较大，在 2016 年成为整个西部地区唯一突破 2 亿吨的省份。但与安徽相反，四川与青海、甘肃、贵州、云南等能源消耗相对较低的省相邻，始终为低—高聚集区。随着时间的演替，新疆由低—低聚集区转变为高—高聚集区，其排名从 1995 年的第 19 位上升到 2016 年的第 12 位。2016 年的能源消费量达到 1.6 亿吨标准煤，可能是由于新疆的能源开发与城市化进程提高了其能耗水平。尽管广东的能源消费水平一直排在前列，但其邻近的省份能源消费水平参差不齐，没有形成稳定的高—低聚集区。受限于规模大小和发展方式，海南的能耗一直处于末位，且与邻省广东的差距越来越大，并在 2016 年加入低—高聚集区的行列。总体来看，不同聚集类型的分布在研究期内具有一定的连续性。这些结论对于进一步制定中国应对气候变化无疑是有价值的。

　　统计得到 1995～2016 年各地级市的能源消费量。与省级尺度相同，采用局部莫兰（Moran）指数探究市级尺度上能源消费的空间分布差异和演变特征。结果显示，1995 年，高—高聚集区集中分布在辽中南城市群的锦州、辽阳、鞍山、营口，京津唐城市群的北京、天津、廊坊、张家口、保定、沧州，沪宁杭城市群的上海、苏州、嘉兴、常州。山西省是能源产出也是消费大省，在晋中、长治形成高—高聚集区。此外，与京津唐城市群、山西省高—高聚集区相邻的邢台也形成了高能源消费聚集区。这些高—高聚集区主要是位于中国能源生产基地附近。另一方面，低—低聚集区分布在新疆、内蒙古、甘肃、青海、四川、云南等经济落后的西部地区，以及江西和福建、江西和广东、广西和广东交界的地区。低—高聚集区一般紧邻高—高聚集区，如辽中南城市群外围的丹东、京津冀外围的承德和衡水等。成都、重庆等大城市人口众多、经济发达，能源消费量较高，与其相邻的资阳规模有限，成为低—高聚集区。高—低聚集区有三个，分别是西宁、南宁、重庆，都是行政中心。行政中心与周边地区联系强，且其相对于周围的城市经济较为发达。2000 年，高—高聚集区的数量没有变，但其空间分布有细微改变，位于重庆与贵阳之间的遵义由不显著地区转变为高—高聚集区，邢台则相反；沪宁杭地区的高—高聚集区有所减少，广东则首次出现高—高聚集区；新疆的阿克苏地区、内蒙古的阿拉善盟、云南的临沧、广东的梅州由低—低聚集区转变为不显著地区；甘肃的陇南、四川的乐山和宜宾、广西的桂林则由不显著地区转变为低—低聚集区。低—高聚集区的位置发生了明显变化，在京津冀地区的低—高聚集区减少，而重庆周围的低—高聚集区显著增多。高—低聚集区的数量依旧只有三个，分布也无变化。2005 年，随着山东半岛城市群的崛起，高—高聚集区从京津冀地区扩展到山东的烟台、青岛、潍坊、滨州、淄博、泰安、聊城等地区。长江三角洲的湖州、绍兴也被同化为高—高聚集区。而辽宁的高—高聚集区则退出了历史舞台，全部转变为无显著地区。与此同时，高—低聚集区在高—高聚集区的附近扩展，增加了忻州、濮阳和日照三个地级市。重庆市周围的高—低聚集区减少至两个地区。低—低聚集区主要分布在西部和南部的总格局没有变。高—低聚集区在原来三个省级行政中心的基础上增加了兰州。2010 年，高—高聚集区覆盖到除威海的整个山东半岛地区，在山西、广东、沪宁杭的分布没有变化。新疆、甘肃等地区低—低聚集区的范围进一步变大。四川的宜宾则由低—低聚集区转变为不显著地区。其他省份的低—低聚集区没有变化。低—高聚集区仍集中分布在华北地区高—高聚集区和重庆市的周边。新疆的昌吉首次出现高—低聚集区，其高—低聚集区也由四个地级市增加到五个地级市。与 2010 年相比，2015 年最显著的变化是新疆的低—低和高—低聚集区都转变为不显著地区；低—低聚集区的总数量明显减少，由 44 个减少至 37 个。低—高聚集区有所增加，如福建的莆田。高—高聚集区的空间分布基本没有改变。相对于 2015 年，2016 年的高—高聚集区的数量和分布模式基本不变，但无锡由不显著地区转变为高—高聚集区，长治则相反。低—高聚集区在重庆市周边的分布进一步扩展到四个地级市。低—低和高—低聚集区的空间分布没有改变。此外，在过去的 22 年，整个海南一直都是低—低聚集区，可能与其规模，以及旅游业为支柱产业的发展方式有关。

三、中国能源碳排放的时间变化与碳高峰控制

中国政府对于能源使用量和碳排放量的控制十分重视。科技部、中国科学院和国家自然科学基金委员会布局了众多研究项目开展了研究。例如 2007 年就要求中国科学院通过科学计算回答：中国是否能控制住碳排放增长趋势？如果能，什么时候控制住？

2008 年中国科学院王铮等首先通过微分方程动力系统分析证明，在经济

平稳增长的要求下，只要保持一定的基础科学进步和应用投资水平，经济—环境系统及其碳排放道路，存在环境库兹涅茨（Environmental Kuznets）曲线是唯一的增长平衡点，而且这个平衡点是一个稳定焦点类型稳定平衡点。换言之，在保持一定技术投资水平条件下经济系统一定可以出现一条能保持经济平稳增长的倒 U 形曲线。2009 年一个可计算的碳峰值估计模型被发展了出来，（朱永彬等，2009；王铮等，2010）。这个模型的基础是经济增长的碳消费需求要与经济增长的碳消费保持平衡。实际过程是一方面是增长带来的碳消费需求；另一方面是这个需求要与技术进步下能源强度支撑的能源供应量平衡。二者达到平衡时就是中国碳排放高峰出现的时间。这个过程假设经济增长是平稳的，即经济增长与人口（劳动力）增长过程保持平衡。

除了能源消费引起的碳排放增加，在对碳排放峰值的估算中不能忽视生态系统碳封存对全球碳减排的重要作用，特别是中国生态系统的多样性提供了一个独特的机会研究碳循环及其响应的地理变化气候变化和政策制度的转变，以及在大气和陆地系统之间的相互作用（Fang *et al.*, 2018）。根据模型和中国的技术进步速度，王铮等（2010）从能源消费、水泥生产和森林碳汇三个方面对中国未来的碳排放进行了较为全面的估计。其中，能源消费碳排放是在能源—经济框架下利用经济动力学模型对最优经济增长路径下的能源需求进行预测得到的，同时考虑了能源结构的演化及不同能源品种在碳排放系数上存在的差异。水泥生产碳排放则是在对水泥产量预测的基础上进行的。假设水泥产量与城市化进程存在一定的联系，而城市化进程遵循"S 曲线"发展规律。森林碳汇是通过引入 CO2FIX 模型，分别对原有森林与新增可造林的固碳能力进行估算，最终合成了中国未来的净碳排放曲线。结果发现，能源消费碳排放在 2031 年达到高峰，为 2 637 百万吨碳，对应的人均 GDP 低于经济合作与发展组织（Organization for Economic Co-Operation and Development, OECD）国家的实证经验。人均排放高峰出现在 2030 年，为 1.73 吨碳/人，远低于美国、欧盟和日本 2006 年的水平。水泥生产碳排放增长放缓，2050 年控制在 254 百万吨碳左右，占工业总排放的 12%。森林碳汇至 2050 年可累计吸收 6 806.2 百万吨碳，年吸收量逐渐下降，净排放也于 2033 年达到峰值，为 2 748 百万吨碳。实际的碳峰值可能因为技术进步和人口出生率而波动，但是碳峰值出现在 2031 年左右是确定的。

吴静等（2014）进一步发展了基于进化经济学的自主体模拟（ABS）算法模型。他们求出在技术进步推动下，由于技术创新的不确定性，使得能源消费峰值和碳排放峰值出现的年份存在不确定性。能源消费峰值年份在 2025 年至 2036 年期间呈现正态分布，而碳排放峰值年份在 2024 年至 2033 年间呈现正态分布。其中，能源消费峰值出现的概率最大年为 2031 年，概率为 23.57%。碳排放峰值出现的概率最大年为 2029 年，概率为 33.51%，如图 7-1 所示。以多次模拟的平均值分析，至 2050 年中国的能源消费总体呈现先上升后下降的趋势，能源消费量的高峰约出现在 2029 年，高峰值为 5146Mtce；至 2050 年，中国能源消费量约为 4086Mtce。中国碳排放高峰出现在 2029 年，峰值为 2.7 吉吨碳；随后碳排放量逐年下降，至 2050 年碳排放量为 2.05 吉吨碳。实际上 2008 年世界发生经济危机时许多国家（包括美国）为了恢复增长，放宽了排放限制。这就说明中国承诺控制碳排放高峰出现时间不会延迟到 2030 年后，是负责任的。

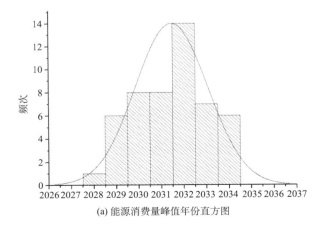

(a) 能源消费量峰值年份直方图

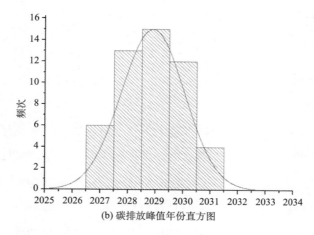

(b) 碳排放峰值年份直方图

图 7-1　能源—碳排放峰值出现年份分布图

　　中国政府为了保护全球气候，2014 年后在早期承诺的基础上，提出尽可能提前。基于 2030 年峰值对应的平稳增长路线结构是唯一的稳定平衡点。王铮等（2017）适当偏离了平衡体系，以能源供需均衡为基础，构建了以能源总成本最优化为目标的动态能源供给模型。在能源总成本最小化的目标下，综合不同能源技术在经济性、利用效率以及碳排放上存在的差异，对中国未来能源结构路线图和碳排放趋势做了模拟估计。模拟结果显示，如果国际油价有所下降，中国作出经济增长适当偏离黄金增长的条件下，在 2025 年达到碳排放高峰，技术上这主要依靠核能对煤炭的替代作用；换言之，在中国把碳排放高峰提前到 2025 年，技术上可以实现，但是需要付出一定的经济损失。计算表明，2025 年以后煤炭能源在总能源供给中的比重快速下降，但是 2030 年非化石能源在一次能源供给中的比重仍略低于 20%，难以再提高这个比例。比较吴静等（2014）的结论，2025 年出现峰值的概率为 0.01%，而 2035 年前中国出现碳峰值的累计概率已经大于 99%。

　　2015 年以来中国各地碳排放峰值出现时间受到了关注。黄蕊等（2016）开发了一个软件系统，对北京、上海、天津、重庆、广东以及中国中部地区和西部地区的碳排放峰值时间陆续作了推算，发现几乎所有地区的碳排放峰值时间都出现在 2040 年之前（黄蕊，2016）。2019 年有学者通过对实测数据的拟合发现，中国西部各省区的排放趋势与库茨涅兹曲线为标准拟合。内蒙古、宁夏、新疆、陕西、青海正处在倒 U 形曲线的前期；甘肃、贵州、重庆、云南则已经过了碳排放峰值出现的时间点。由此可见，中国正处于碳排放增加的最后阶段，转向碳排放被控制的最后阶段。这反映了中国政府积极应对气候变化的承诺已经实现。

由于在平稳增长轨道上，中国的碳排放高峰位于一个焦点上，王铮等（2018）认为提前碳排放峰值时间对中国经济和世界经济都是危险的。他们计算可以实现达峰的时间是 2025 年，并明确反对提前。

四、中国生活能源与碳排放减排研究

（一）生活碳减排的重要性评估

长期以来，应对气候变暖的政策措施主要集中于工业生产领域，很大程度上忽视了社会终端消费单元——家庭消费的节能减排潜力。中国正处在城镇化和工业化加速发展阶段。随着经济社会的发展，人们的收入水平将大幅提升，低收入家庭逐渐步入高收入群体。家庭能源消耗也会相应增加。如何避免居民收入增加、生活水平提高的同时家庭消费碳排放大幅度增长是中国目前亟须解决的问题。要解决这一问题，需要从消费水平视角研究不同收入群体家庭碳排放谱，探讨不同收入家庭碳排放差异的原因。

作为世界上最大的发展中国家，中国在应对气候变化领域面临比发达国家更为严峻的挑战。改革开放 40 多年，中国经济取得了举世瞩目的成就，但是也付出了巨大的能源和环境代价。2012 年，中国能源消费 36.2 亿吨标准煤，煤炭消费量为 1 873.3 百万吨油当量，占全球煤炭消费总量的 50.2%。中国已经成为世界煤炭消费和能源消费第一大国（林伯强，2012；张国宝，2012）。

能源消费的快速增长，导致二氧化碳排放量呈现大幅上升的态势。2012 年，中国的二氧化碳排放量占到全球化石燃料燃烧产生的二氧化碳排放量的 27%（复旦—丁铎尔中心，2013）。当前中国正处于城镇化和工业化的加速发展阶段。截至 2012 年，中国的城镇化率已达 52.57%，预计到 2030 年将达到 70%。随着城镇化的不断推进，大规模的城市基础设施和住房建设进一步加快，在满足城市规模扩张和城镇人口增加的同时也将导致能源需求和二氧化碳排放仍会呈持续增长的趋势。到 2020 年，中国一方面要实现国内生产总值和城乡居民人均收入比 2010 年翻一番的全面建成小康社会目标；另一方面要实现对国际承诺的减排目标。如何在保障中国经济增长、实现小康社会的前提下完成减排目标，中国政府面临着巨大挑战。

长期以来，中国节能减排的重点一直集中在产业部门，并针对生产领域制定了一系列节能减排的政策措施，比如优化产业结构、推广清洁技术、发展循环经济、提高工业节能技术水平等。随着节能措施的深入推广，工程节能减排逐渐收窄，节能减排"边际效应"递减，工业领域节能减排的难度越来越大（侯宇轩，2011）。与此同时，家庭能源消费逐渐成为能源消耗的主要增长点。2011 年，中国家庭生活能源消费占到国内能源消费总量的 11.23%，是仅次于工业的第二大能源消耗部门。而一些欧盟国家，家庭能源需求已经超过工业能源需求。家庭能源消费导致二氧化碳排放量的增长逐渐引起人们广泛关注。相关研究表明，从终端消费看，家庭消费（直接或间接）产生的二氧化碳占到全球二氧化碳排放总量的 72%（Hertwich et al., 2009）。学者和政策制定者意识到家庭消费对碳排放的贡献不容忽视，逐渐将碳减排视角从技术革新层面转移到终端消费上来，并且认为改变生活方式和消费模式比技术革新更为重要（OECD, 1998；Duchin, 2003）。改变消费模式可能是减缓气候变暖的一种有效途径（IPCC, 2001）。一些 OECD 国家已经实施相关政策以降低消费活动带来的环境影响（Geyer-Allely, 2003）。个人终端消费导向的碳足迹研究，标志着碳排放研究开始从注重生产层面向注重消费层面转变（樊杰，2010）。全球碳减排视角也从生产领域、技术革新角度转向消费领域、消费模式层面。终端消费研究碳排放和碳减排成为近年来学术界关注的热点。

从国内消费看，2012 年中国居民消费占 GDP 支出比重仅为 36%，显著低于发达国家 62.3% 的平均水平，也不及发展中国家 49.7% 的平均水平（陈卫东，2010）。"十八大"明确将"依靠扩大内需实现经济持续增长"作为经济发展的重要方向。未来一段时间，中国居民消费带动的能源需求将呈现持续增加态势，由居民消费引起的碳排放对中国碳减排压力的影响也将日益突出。另一方面，中国政府高度重视低碳消费模式的建立。李克强总理指出："在城镇化过程中，如何在城镇居民中推广绿色生活方式和消费模式，也是一篇具有全局意义的大文章"。家庭是社会生活的基本单元，居民消费多以家庭消费的方式进行。从家庭消费入手研究不同消费水平下的能源消耗和碳排放问题是一个较为新颖的视角。与国外相比，国内从消费水平探讨家庭能源消耗和碳排放的相关研究比较缺乏。从家庭消费这一"最终需求"的角度审视中国的能源利用及对碳排放的影响，有利于从居民终端消费认识能源环境问题的根源，对有的放矢制定家庭碳减排政策，具有重要的现实意义。

（二）家庭能源消费与碳排放核算

长期以来，学术界对能源消费和碳排放问题的研究主要集中在生产领域，很大程度上忽视了家庭消费对能源消耗和碳排放的推动作用。随着经济社会的发展和人民生活水平的不断提高，家庭消费带动的能源消耗日益增加。一些发达国家家庭能源的消费已超过了工业能源消耗。居民家庭消费产生的二氧化碳逐渐成为碳排放的主要增长点（Schipper，1989；Lenzen，1998；Kim，2002；陆莹莹，2008）。作为社会终端消费单元和生产活动的原始驱动力，居民家庭消费带动的能耗及二氧化碳排放量的增长越来越不容忽视。超过 80% 的二氧化碳是由家庭消费及满足家庭需求所引起的经济活动而产生的（Bin *et al.*，2005）。家庭消费引起的二氧化碳排放量的增长已经远远抵消了技术进步和产业升级等因素带来的减排效应。只针对工业生产领域的减排措施并不能实现有效减排（Lenzen，1998）。因此，欧美等发达国家逐渐将碳减排视角从生产领域转向消费领域，从家庭消费角度研究碳排放及碳减排问题成为学术界关注的热点（Vringe *et al.*，1995；Wilting，1999； Munksgaard，2001；Goodall，2007；Dietz，2009）。

针对中国的家庭能源消费，国内学者进行了大量研究。王效华（1994）较早对中国农村家庭能源消费进行了评价。通过对中国六个县 3 240 户农村家庭生活能源消费情况进行实证研究，揭示中国农村家庭能源消费特点。总体而言，传统生物质能源在农户家庭能源消费中占主导地位。中国农户家庭用能呈现巨大的区域性差异，其用能水平和构成主要决定于当地可获得的自然资源。魏一鸣等（Wei *et al.*，2007）基于消费者生活方式（Consumer Lifestyle Approach, CLA）方法研究了 1999～2002 年间中国城乡居民生活方式对居民能源消费的影响。结果表明中国每年大约 26% 的能源消费来自于家庭能源消费。城乡居民生活方式的差异导致城镇和农村居民家庭能源消费数量悬殊。城市居民间接能源消费是其直接能源消费的 2.44 倍；农村居民直接能源消费是其间接能源消费的 1.86 倍。李艳梅等（2008）研究了中国居民间接生活能源消费的增长原因，指出居民消费增加对能源消费的拉动作用不可忽视。风振华等（Feng *et al.*，2011）采用 CLA 方法，比较分析了中国各地区和不同收入水平的城镇与农村家庭能源消费情况。研究发现城镇居民家庭间接能源消费量的增长速度高于直接能源消费。家庭收入对家庭能源消费的影响巨大。张馨等（2011）探讨了城市化进程中中国城乡居民家庭能源消费情况，研究发现 2000～2007 年城镇居民家庭的直接能耗和间接能耗都呈上升趋势。农村居民家庭的直接能耗逐年增加而间接能耗下降。城乡家庭直接和间接能源消费结构反映了城乡居民生活水平的差异。

针对中国的家庭消费与碳排放，国内外学者也开展了一系列研究。高利等（Golley *et al.*，2009）研究了中国城市家庭能源需求与二氧化碳排放之间的关系，发现贫困家庭由于严重依赖煤炭，其家庭碳排放强度更大。人均收入与人均能源需求之间呈现线性关系，尚未出现边际能源需求递减的迹象。王艳等（Wang et al., 2009）运用投入产出方法测算了 1995～2004 年中国城乡家庭消费产生的二氧化碳排放量。结果显示随着城乡居民收入水平的提高，家庭消费产生的二氧化碳排放量快速增加，以交通出行和居住消费为特征的生活方式转变是促使家庭二氧化碳排放显著增加的重要因素。风振华等（Feng et al., 2011）研究了中国城乡和不同地区的家庭消费对二氧化碳排放的影响。结果显示城镇家庭直接二氧化碳排放量增速快于农村家庭。城镇家庭间接二氧化碳排放量远高于直接二氧化碳排放量。家庭收入对家庭二氧化碳排放量的影响显著。杨选梅等（2010）基于南京市 1 000 户家庭调查数据，运用 CLA 方法从微观层面分析了家庭的人口、消费、出行等特征对碳排放的影响，发现常住人口、交通方式、住宅面积与家庭碳排放的相关性很强。李洁等（Li et al., 2010）基于中国城镇和农村家庭消费支出的微观数据，分析了收入水平、生活方式与家庭碳排放之间的关系。研究表明居民生活方式不同，导致家庭碳排放也不尽相同，并且收入水平是造成家庭碳排放不平等的最重要因素。冯玲等（2011）分析了 1999～2007 年间城镇居民生活能耗与碳排放的动态变化特征，发现食品、教育文化娱乐服务、居住是居民生活间接碳排放的主要来源。人均住宅建筑面积是居民生活碳排放变化的主要影响因子。刘兰翠（Liu, 2011）运用投入产出模型分析了快速增长的城镇和农村居民家庭消费对碳排放的影响。结果表明家庭消费产生的直接和间接二氧化碳排放量占中国一次能源利用产生的碳排放总量的 40% 以上。人口增长、城市化扩张和家庭人均消费支出水平的增加是导致间接碳排放增加的重要因素。曲建升等（2013）基于西北七省家庭生活碳排放相关数据的调查，揭示了西北地区居民家庭生活碳排放规律，发现不同省份和城乡人口之间的碳排放量存在一定差别。生活碳排放主要受地理环境、经济收入、家庭规模等因素影响。李治（2013）研究发现不同城市的家庭居住碳排放差异明显。北方城市的家庭碳排放高于南方城市。大城市家庭碳排放又高于中小城市。城市人口规模、收入、气温等是影响家庭碳排放的主要因素。李艳梅（2013）研究了近十年城乡家庭直接能源消费和二氧化碳排放的变化特征，并对差异的原因做了分析。此外，国内学者还针对某一个城市的家庭碳排放（陈琦，2010；王丹寅，2012），以及家庭消费的某一特定内容，诸如电力消费（刘晶茹等，2002）、交通出行（庄幸，2010；肖作鹏，2011）、食品消费（罗婷文，2005；智静，2009；吴开亚等，2009）等产生的碳排放进行了研究。

随着国内学者对家庭消费引起的碳排放研究的逐步重视，一些学者在此基础上进一步对引起家庭碳排放变化的影响因素做了分解分析。从研究方法来看，结构分解分析法（Structure Decomposition Analysis, SDA）是当前研究居民消费碳排放驱动因素的主要方法（姚亮，2011；周平，2011；汪臻，2012；朱勤，2012）。从驱动因素看，居民消费碳排放的变化不仅受到生产系统中的技术进步等因素的影响，还受到消费系统中的居民收入水平、消费结构等因素的影响（汪臻，2012）。陈佳瑛（2009）通过对扩展的随机性环境影响评估（Stochastic Impacts by Regression on Population, Affluence and Technology, STIRPAT）模型进行修正，建立家庭户环境压力模型，分析了家庭规模、总户数、居民消费水平、能源强度等变量对中国碳排放总量的影响程度。彭希哲和朱勤（2010）研究发现居民消费水平提高与碳排放增长高度相关。居民消费与人口结构变化对中国碳排放的影响已超过人口规模的单一影响力。周平（2011）对1992～2007年中国居民最终需求产生的间接二氧化碳排放量进行分解分析。结果表明，居民最终需求、城乡消费比例及消费结构是导致碳排放量增加的主要因素。生产技术的进步是促使碳排放量减少的主要因素。朱勤（2012）对1992～2005年中国居民间接碳排放增长因素进行分解分析，结果表明，贡献率最大的是居民消费水平的增长。

针对家庭碳排放的影响因素，杨亮（2014）认为应该从家庭特征、家庭成员个人特征、家庭外部特征三个层面进行探讨。在家庭特征方面，帕乔里

（Pachauri，2004）、科恩等（Cohen *et al.*, 2005）研究认为家庭能耗和碳排放与家庭收入呈正相关。收入增长使家庭直接能源消耗增加。威尔等（Wier *et al.*, 2001）、李洁等（Li *et al.*, 2010）认为收入水平的上升使间接能源消耗大幅上升，最终导致家庭能耗和碳排放增加。魏一鸣等（Wei *et al.*, 2007）、 德鲁克曼等（Druckman *et al.*, 2008）、王妍（2009）、风振华等（Feng *et al.*, 2011）认为家庭收入水平越高，家庭能源消耗或家庭碳排放越高。圣莫里斯等（Santamouris *et al.*, 2007）发现家庭的收入水平通过决定居住面积大小、住宅年龄、样式、质量和家庭使用设备而成为家庭能源碳排放的重要因素。此外，当人们的收入达到一定水平后，人们的生活水准及其对生活质量的要求会提高。人们会选择更大面积的房屋居住，选择私家车出行等。这种生活方式往往是高能耗和碳密集。艾迪纳尔普等（Aydinalp *et al.*, 2004）研究发现收入水平越高的家庭对舒适度要求越高，往往居住于更大的住宅并使用较多的生活热水，最终导致更多的能源消耗。郑思齐等（2010）研究发现随着收入水平的提高，家庭逐渐倾向于选择更为舒适的私家车出行；对于已经拥有私家车的家庭，随着收入水平的提高，家庭对私家车出行的依赖程度会相应提高，从而带来更多的汽油消耗与碳排放量。彭希哲等（2010）研究发现家庭户规模减小导致人均消费支出的增加及总户数消费规模的扩张，以家庭户为分析单位考察其对碳排放的影响具有较高的价值。已有研究表明，家庭总能耗和碳排放会随着家庭规模增大而相应增加，但人均家庭能耗会减少（Stokes，1994；Wier *et al.*，2001；Pachauri，2004；Park，2007）。导致上述结果的原因，一方面是家庭采暖、制冷和交通出行等主要的家庭耗能活动存在显著的规模经济。家庭人口越多，人均能源消费量也就越少（Golley，2009）。比如，一家五口人冬季取暖或夏季制冷消耗的能源应该比一家一口人所消耗能源的五倍要少；另一方面，家庭规模较大的家庭也更可能进行节能改进（Sardianou，2005；冯怡琳，2008）。目前，家庭小型化是各国家庭的一个重要变化趋势。家庭规模的不断变小意味着规模经济性的不断失去，并可能抵消通过提高能源效率带来的节约（Ironmonger，1995）。江雷文等（Jiang *et al.*, 2009）研究发现由于规模经济效应的丧失，家庭成员数目少的家庭其人均能源消费明显比家庭成员数目较多的家庭要高，导致人口总量增长减慢带来的对碳排放量增长的抑制作用会被家庭规模的小型化而抵消。

在家庭成员个体特征方面，奥尼尔等（O'Neill *et al.*, 2002）、扎格尼（Zagheni, 2011）研究表明人均生活能耗和碳排放量在60岁之前随年龄的增长而增加，60岁之后随年龄的增长而下降。迪茨（Dietz, 1994）和科尔（Cole, 2004）认为这主要是因为，劳动适龄人口的生产和消费活动强度往往大于其他年龄组人口。文契等（Vringer *et al.*, 1995）研究发现年龄在40～50岁的居民其家庭能源消耗最大。对于受教育水平对家庭能源消耗的影响，一般而言，受教育水平高的群体，其节能意识较强（OECD, 2008）。但也有学者研究发现居民的受教育程度与节能行为无关（Sardianou, 2005）。受教育程度高的居民，家境条件相对较好，家用电器多样及交通出行多采用私家车，造成碳排放量较多，即使有意识的节约能源，影响也是微不足道（杨选梅等，2010）。对于职业对居民能源消费行为的影响，不同学者的研究结论差异较大。奥尔森（Olsen,1983）研究发现职业具有较高社会地位的居民更愿意采用节能措施来提高能效、减少能耗，但柯蒂斯（Curtis,1984）认为职业与家庭节能活动无显著关系。此外，还有学者探讨了性别、婚姻状况等家庭成员个体特征对家庭能源消耗和碳排放的影响。托格森等（Thogersen *et al.*, 2010）研究发现性别对家庭节能行为有影响。男性比女性节电行为更多地受到其他人的影响。还有一些研究表明，与女性相比，男性从事碳排放强度高的活动更多，如男性可能开车的次数多于女性等（OECD, 2011）。对于婚姻状况的影响，目前还没有共识。研究显示，家庭的节能支出在已婚夫妇家庭和其他类型的家庭之间没有显著影响。而波廷加（Poortinga, 2003）研究认为，已婚夫妻的家庭比单亲家庭和单身人士更容易接受技术节能。

在家庭外部特征方面，张艳（2013）基于2005～2009年全国262个地级以上城市的分析发现，气候条件影响城市家庭取暖、降温用能碳排放量。李治（2013）对比了中国 56 个城市的家庭碳排放，发现家庭碳排放较低的城市大多数位于秦岭—淮河这条中国著名地理分界线的南侧。生活在城乡不同地区的家庭，其生活能耗和碳排放水平也存在不同。张馨等（2011）研究发现城镇居民家庭能源消费和碳排放量均高于农村居民。这主要是因为城镇人口收入水平高于农村人口，消费的商品和服务较多，随之带来的家庭能源消耗和碳排放较多。帕里克等（Parikh *et al.*, 1995）提出，农村人口转变为城市人口后生活方式改变，生活能耗增加，是导致人口城市化过程中温室气体排放增长的重要原因。

（三）家庭生活碳排放谱分析

当前中国居民家庭碳排放的研究主要集中于城镇居民家庭消费引起的碳排放，对不同收入城镇居民家庭碳排放的研究较少。不同收入群体家庭碳排放的差异有多大？导致不同收入家庭碳排放差异的主要原因是什么？杨亮（2014）研究了不同收入群体消费水平差异下的家庭碳排放谱。选择北京作为研究案例，是因为北京城镇居民的收入水平位居全国前列。其居民当前的家庭消费碳排放随收入增长呈现的变化，一定程度上代表未来一段时间内中国其他地区居民收入水平普遍提高后家庭消费碳排放的变化方向，探讨北京不同收入家庭碳排放差异的原因，得到以下结论。

1. 由于能源消耗差异，不同收入家庭碳排放差别显著。收入水平越高，家庭碳排放量越大。从直接碳排放来看，随着收入上升，电力、天然气和交通用油消耗导致的碳排放均上升。其中，当收入达到高水平时，交通用油碳排放急剧增加是导致高收入家庭碳排放远高于其他收入家庭的主要原因。从间接碳排放来看，随着收入水平的提高，家庭消费引起的碳排放总体呈现增加趋势。从不同消费类别看，不同收入家庭各种消费引起的碳排放排序差别较大。低收入家庭在食品消费、居住用电、居住燃料用能等方面产生的碳排放较大，而高收入家庭在食品消费、交通通信消费、教育文化娱乐消费等方面产生的碳排放较大。

2. 收入水平是造成不同家庭能源消耗和碳排放差异的主要原因。收入水平的上升，一方面带来人们生活方式的改变。人们的出行方式更多以私家车出行为主。私家车出行产生的碳排放大幅增长是造成高收入家庭直接碳排放远高于低收入家庭的主要原因。另一方面，收入增长也带来人们的消费结构发生显著变化，从满足基本生活需求逐步向交通通信、文教娱乐等高端消费转变。交通通信、居住和文教娱乐消费等诱发的碳排放迅速增加是造成高收入家庭间接碳排放远高于低收入家庭的主要原因。

3. 随着城镇化的推进，家庭直接碳排放谱呈现出"传统能源碳排放量迅速下降、私家车碳排放量迅速增加"的变化特征；家庭间接碳排放谱呈现出"生存性消费（如食品）碳排放比重下降、发展性消费（如交通通信、文教娱乐）碳排放比重上升"的变化特征。

4. 国家在政策制定上应该加大引导居民合理的消费理念，避免奢侈性消费和过度消费倾向，可以借鉴居民阶梯电价、阶梯水价制度，适时推出阶梯家庭碳税制度，以保障居民家庭基本生存碳消费、并体现改善和提高居民家庭生活质量的发展性碳消费以及遏制居民家庭奢侈性碳消费。

参考文献

Aydinalp, M., V. I. Ugursalb and A. S. Fung, 2004. Modeling of the Space and Domestic Hot-Water Heating Energy-Consumption in the Residential Sector using Neural Networks. *Applied Energy*, 79(2).

Babiker, M. H., 2001. The CO_2 Abatement Game: Costs, Incentives, and the Enforceability of A Sub-Global Coalition. *Journal of Economic Dynamics and Control*, 25(1-2).

Beckerman, W. and C. Hepburn, 2007. Ethics of the Discount Rate in the Stern Review on the Economics of Climate Change. *World Economics Journal*, 8(1).

Bin, S. and H. Dowlatabadi, 2005. Consumer Lifestyle Approach to US Energy Use and the Related CO_2 Emissions. *Energy Policy*, 33(2).

Cai, W. J., G. J. Wang, B. L. Gan, *et al.*, 2018. Stabilised Frequency of Extreme Positive Indian Ocean Dipole under 1.5 °C Warming. *Nat Commun*, 1419 (9).

Caparros, A., J. C. Pereau and T. Tazdait, 2004. North-South Climate Change Negotiations: A Sequential Game with Asymmetric Information. *Public Choice*, 121(3~4).

Carraro, C. and E. Massetti, 2013. International Climate Treaties and Coalition Building. Encyclopedia of Energy. *Natural Resource and Environmental Economics*, 1(3).

Chen, G. Q. and B. Zhang, 2010.Greenhouse Gas Emissions in China 2007: Inventory and Input-Output Analysis. *Energy Policy*, 38(1).

Cohen, C., M. Lenzen and R. Schaeffer, 2005. Energy Requirements of Households in Brazil. *Energy Policy*, 33(1).

Cole, M. A. and E. Neumayer, 2004. Examining the Impact of Demographic Factors on Air Pollution. *Population and Environment*, 26 (1).

Curtis, R. P., P. Simpson-Housley and S. Drever, 1984. Household Energy Conservation. *Energy Policy*, 12(4).

Dietz, T., G. T. Gardner, J. Gilligan *et al.*, 2009.Household Actions Can Provide a Behavioral Wedge to Rapidly Reduce US Carbon Emissions. *Proceedings of the National Academy of Sciences of the United States of America*, 106(44).

Dietz, T. and E. A. Rosa, 1994. Rethinking the Environmental Impacts of Population, Affluence, and Technology. *Human Ecology Review*, 1 (2).

Druckman, A. and T. Jackson, 2008.Household Energy Consumption in the UK: A Highly Geographically and Socio-Economically Disaggregated Model. *Energy Policy*, 36(8).

Duchin, F. and K. Hubacek, 2003. Linking Social Expenditures to Household Lifestyles. *Futures*, 35(3).

Ecchia, G. and M. Mariotti, 1998. Coalition Formation in International Environmental Agreements and the Role of Institutions. *European Economic Review*, 42(3).

Feng, Z. H., L. L. Zou and Y. M. Wei, 2011. The Impact of Household Consumption on Energy Use and CO_2 Emissions in China. *Energy*, 36(3).

Geyer-Allely, E. and A. Zacarias-Farah, 2003.Policies and Instruments for Promoting Sustainable Household Consumption. *Journal of Clean Production*, 11(8).

Golley, J., M. Dominic and M. Xin, 2008. Chinese Urban Household Energy Requirements and CO_2 Emissions. *China's Dilemma-Economics Growth, the Environment and Climate Change*, 334.

Haurie, A., F. Moresino and L. Viguier, 2006. *A Two-Level Differential Game of International Emissions Trading*. Cambridge: Birkhauser Boston.

Golley, J., D. Meagher, 孟昕："中国城市家庭能源需求与二氧化碳排放"，社会科学文献出版社，2009年。

Hertwich, E. and G. P. Peters, 2009.Carbon Footprint of Nations: A Global, Trade-Linked Analysis. *Environmental Science and Technology*, 43(16).

Inderwildi, O., C. Zhang, X. Wang, *et al.*, 2020. The Impact of Intelligent Cyber-Physical Systems on the Decarbonization of Energy. *Energy and Environmental Science*, 13(3).

IPCC, 2001. *Climate Change 2001: Mitigation*. IPCC Third Assessment Report.

Ironmonger, D. S., C. Kaitken and B. Erbas, 1995. Economies of Scale in Energy Use in Adult-Only Households. *Energy Economics*, 17(4).

ITU, 2020. Frontiers Technologies to Protect the Environment and Tackle Climate Change.https://www.itu.int/en/ITU-T/studygroups/2017-2020/05/Pages/event-20190514.aspx.

Jiang, L. W. and K. Hardee. How Do Recent Population Trends Matter to Climate Change?[EB/OL]. http://populationaction.org/wpontent/uploads/2012/01/population_trends_climate_change_FINAL.pdf.

Kemfert, C., W. Lise and R. S. J. Tol, 2004. Games of Climate Change with International Trade. *Environment Resource Economics*, 28(2).

Kim, J., 2002. Changes in Consumption Patterns and Environmental Degradation in Korea. *Structural Change and Economic Dynamics*, 13(1).

Lenzen, M., 1998. Primary Energy and Greenhouse Gases Embodies in Australian Final Consumption: An Input-Output Analysis. *Energy Policy*, 26(6).

Li, J. and Y. Wang, 2010. Income, Lifestyle and Household Carbon Footprints (Carbon-Income Relationship), A Micro-Level Analysis on China's Urban and Rural Household Surveys. *Environmental Economics*, 1.

Liu, L. C., G. Wu, J. N. Wang *et al.*, 2011.China's Carbon Emissions from Urban and Rural Households during 1992～2007. *Journal of Cleaner Production*, 19(15).

Magyar, Z., 2011. EU Plans to Reduce GHG Emissions with 80% by 2050. *REHVA Journal*, 5(2).

Mendelsohn, R. O., 2006. A Critique of the Stern Report. *Regulation*, 29(4).

Meng, B., J. Wang, R. Andrew *et al.*, 2017. Spatial Spillover Effects in Determining China's Regional CO_2, Emissions Growth: 2007～2010. *Energy Economics*, 63(1).

Meng, L., W. Graus, E. Worrell *et al.*, 2014. Estimating CO_2 Emissions at Urban Scales by DMSP/OLS (Defense Meteorological Satellite Program's Operational Linescan System) Nighttime Light Imagery: Methodological Challenges and A Case Study for China. *Energy*, 71.

Mi, Z., J. Meng, D. Guan *et al.*, 2017.Chinese CO_2 Emission Flows Have Reversed Since the

Global Financial Crisis. *Nature Communications*, 8(1).

Nordhaus, W., J. Boyer, 2000. *Warming the World: the Economics of the Greenhouse Effect.* Cambridge, MA: MIT Press.

Nordhaus, W., 2007. Critical Assumptions in the Stern Review on Climate Change. *Science*, 317(5835).

OECD, 1998. Towards More Sustainable Household Consumption Patters Indicator to Measure Progress.

Olsen, M. E., 1983.Public Acceptance of Consumer Energy Conservation Strategies. *Journal of Economic Psychology*, 4(1~2).

O'Neill, B. C., B. S. Chen, 2002. Demographic Determinants of Household Energy Use in the United States.*Population and Development Review*, 28(1).

Pachauri, S., 2004.An Analysis of Cross-Sectional Variations in Total Household Energy Requirements in India Using Micro Survey Data. *Energy Policy*, 32(1).

Parikh, J. and V. Shukla, 1995. Urbanization, Energy Use and Greenhouse Effects in Economic Development Results from A Cross-National Study of Developing Countries. *Global Environmental Change*, 5(2).

Park, H. and E. Heo, 2007. The Direct and Indirect Household Energy Requirements in the Republic of Korea from 1980 to 2000: An Input-Output Analysis. *Energy Policy*, 35(1).

Poortinga, W., L. Steg, C. Vlek *et al.*, 2003. Household Preferences for Energy-Saving Measures: A Conjoint Analysis. *Journal of Economic Psychology*, 24(1).

Sardianou, E., Household Energy Conservation Patterns: Evidence from Greece. [EB/OL]. http://www.lse.ac.uk/europeanInstitute/research/hellenicObservatory/pdf/2nd_Symposium/ Eleni_Sardianou_paper.pdf.

Scheffran, J. and S. Pickl, 2000. Control and Game-Theoretic Assessment of Climate Change: Options for Joint Implementation. *Annual Operational Resource*, 97(1).

Schipper, L., S. Bartlett, D. Hawk *et al.*, 1989. Linking Lifestyles and Energy Use: A Matter of Time? *Annual Review of Energy*,14(1).

Shi, K. F., Y. Chen, B. L. Yu *et al.*, 2016. Modeling Spatiotemporal CO_2 Emission Dynamics in China from DMSP-OLS Nighttime Stable Light Data Using Panel Data Analysis. *Applied Energy*, 168.

Stern, N., 2006.*Review on the Economics of Climate Change*. London: HM Treasury.

Stern, N., 2007. *The Economics of Climate Change: The Stern Review*. London: Cambridge University Press.

Stokes, D., A. Linsay, J. Marinopoulos *et al.*, 1994. Household Carbon Dioxide Production in Relation to the Greenhouse Effect. *Journal of Environmental Management*, 40(3).

Tavoni, A., A. Dannenberg, G. Kallis *et al.*, 2011. Inequality, Communication, and the

Avoidance of Disastrous Climate Change in a Public Goods Game. *Proceedings of the National Academy of Sciences of the United States of America*, 108(29).

Thogersen, J. and A. Gronhoj, 2010. Electricity Saving in Households—A Social Cognitive Approach. *Energy policy*, 38(12).

Vringer, K. and K. Blok, 1995. The Direct and Indirect Energy Requirements of Households in the Netherlands. *Energy Policy*, 23(10).

Wang, S., C. Fang, Y. Wang *et al.*, 2015. Quantifying the Relationship between Urban Development Intensity and Carbon Dioxide Emissions Using A Panel Data Analysis. *Ecological Indicators*, 49.

Wang, Y., M. J. Shi, 2009. CO_2 Emission Induced by Urban Household Consumption in China. *Chinese Journal of Population, Resource and Environment*, 7(3).

Wang, Z., J. Wu, C. Liu *et al.*, 2017. *Integrated Assessment Models of Climate Change Economics*. Springer Singapore.

Wei, Y. M., L. C. Liu, Y. Fan *et al.*, 2007.The Impact of Lifestyle on Energy Use and CO_2 Emission: An Empirical Analysis of China's Residents. *Energy Policy*, 35(1).

Weitzman, M. L., 2007. A Review of the Stern Review on the Economics of Climate Change. *Journal of Economic Literature*, 45(3).

Wier, M., M. Lenzen, J. Munksgaard *et al.*, 2001. Effects of Household Consumption Patterns on CO_2 Requirements. *Economics System Research*, 13(3).

Xiao, H. W., Z. Y. Ma, Z. F. Mi *et al.*, 2018. Spatio-Temporal Simulation of Energy Consumption in China's Provinces Based on Satellite Night-Time Light Data. *Applied Energy*, 231.

Xie, Y. and Q. Weng, 2016. World Energy Consumption Pattern as Revealed by DMSP-OLS Nighttime Light Imagery. *Mapping Sciences and Remote Sensing*, 53(2).

Yang, Z., P. Sirianni, 2010. Balancing Contemporary Fairness and Historical Justice: A "Quasi-Equitable" Proposal for GHG Mitigations. *Energy Economics*, 32(5).

Zagheni, E., 2011. The Leverage of Demographic Dynamics on Carbon Dioxide Emissions: Does Age Structure Matter? *Demography*, 48(1).

白彩全："基于多源遥感数据的中国地级市能源消费时空动态演变研究"（硕士论文），南昌大学，2016 年。

陈佳瑛、彭希哲："家庭模式对碳排放影响的宏观实证分析"，《中国人口科学》，2009 年第 5 期。

陈琦、郑一新等："昆明市城镇家庭消费碳排放特征及影响因素分析"，《环境科学导刊》，2010 年第 5 期。

陈卫东、王家强："居民消费模式的国际比较及对中国的启示"，《金融发展评论》，2010 第 10 期。

陈文颖、吴宗鑫、何建坤："全球未来碳排放权'两个趋同'的分配方法"，《清华大学学报（自然科学版）》，2005 年第 6 期。

陈雪、苏布达、温姗姗等："全球升温 1.5℃与 2.0℃情景下中国东南沿海致灾气旋的时空变化"，《热带气象学报》，2018 年第 5 期。

陈迎、辛源："1.5℃温控目标下地球工程问题剖析和应对政策建议"，《气候变化研究进展》，2017 年第 4 期。

崔学勤、王克、邹骥："2℃和 1.5℃目标对中国国家自主贡献和长期排放路径的影响"，《中国人口·资源与环境》，2016 年第 12 期。

丁仲礼、段晓男、葛全胜等："2050 年大气 CO_2 浓度控制:各国排放权计算"，《中国科学:D 辑》,2009 年第 8 期。

樊杰、刘卫东、金凤君等："中国重大科技计划中人文—经济地理学研究进展"，《地理科学进展》，2011 年第 11 期。

冯玲、咎涛、赵千钧："城镇居民生活能耗与碳排放动态特征分析"，《中国人口·资源与环境》，2011 年第 5 期。

复旦-丁铎尔气候变化研究中心："全球碳计划 2013 年度报告"，2013 年。

顾高翔、王铮："后 INDC 时期全球 1.5℃合作减排方案"，《地理学报》，2017 年第 9 期。

顾高翔、王铮："技术进步推动下全球经济增长与自主碳减排效果研究"，《科学学研究》，2017 年第 3 期。

侯宇轩："企业节能减排要啃'硬骨头'"，《中国企业报》，2011 年第 1 期。

姜克隽："一个强有力的 2050 碳减排目标将非常有利于中国的社会经济发展"，《气候变化研究进展》，2019 年第 1 期。

孔锋、薛澜、孙劲等："1.5℃温控目标下地球工程对中国气温影响的区域差异预估"，《科学技术与工程》，2019 年第 6 期。

孔莹、王澄海："全球升温 1.5℃时北半球多年冻土及雪水当量的响应及其变化"，《气候变化研究进展》，2017 年第 4 期。

李艳梅、张雷："中国居民间接生活能源消费的结构分解"，《资源科学》，2008 年第 6 期。

李治、李培、郭菊娥等："城市家庭碳排放影响因素与跨城市差异分析"，《中国人口·资源与环境》，2013 年第 10 期。

刘昌新、王铮、田园："基于博弈论的全球减排合作方案"，《科学通报》，2016 年第 7 期。

刘俸霞、王艳君、赵晶等："全球升温 1.5℃与 2.0℃情景下长江中下游地区极端降水的变化特征"，《长江流域资源与环境》，2017 年第 5 期。

刘菁、刘伊生、杨柳等："全产业链视角下中国建筑碳排放测算研究"，《城市发展研究》，2017 年第 12 期。

刘晶茹、王如松："中国家庭消费的生态影响——以家庭生活用电为例"，《城市环境与城市生态》，2002 年第 3 期。

刘明达、蒙吉军、刘碧寒："国内外碳排放核算方法研究进展"，《热带地理》，2014 年第 2 期。

刘贤赵、郭若鑫、张勇等："中国省域碳排放空间依赖结构的非参数估计及其实证分析"，《中国人口·资源与环境》，2019 年第 5 期。

陆莹莹、赵旭："家庭能源消费研究述评"，《水电能源科学》，2008 年第 1 期。

罗婷文、欧阳志云等："北京城市化进程中家庭食物碳消费动态"，《生态学报》，2005 年第 12 期。

马忠玉、肖宏伟："基于卫星夜间灯光数据的中国分省碳排放时空模拟"，《中国人口·资源与环境》，2017 年第 9 期。

潘家华："气候变化：地缘政治的大国博弈"，《绿叶》，2008 年第 4 期。

彭希哲、朱勤："中国人口态势与消费模式对碳排放的影响分析"，《人口研究》，2010 年第 1 期。

秦雅："全球升温 1.5℃和 2℃情景下中国玉米生产变化研究"，（硕士论文）西安科技大学，2018 年。

曲建升、张志强、曾静静等："西北地区居民生活碳排放结构及其影响因素"，《科学通报》，2013 年第 3 期。

任志娟："中国碳排放区域差异与减排机制研究"（硕士论文），首都经济贸易大学，2014 年。

任志远、李强："1978 年以来中国能源生产与消费时空差异特征"，《地理学报》，2008 年第 12 期。

阮甜、查芊郁、杨茹等："全球升温 1.5℃和 2.0℃对长江寸滩站以上流域径流的影响"，《长江流域资源与环境》，2019 年第 2 期。

苏布达、周建、王艳君等："全球升温 1.5℃和 2.0℃情景下中国实际蒸散发时空变化特征"，《中国农业气象》，2018 年第 5 期。

苏泳娴、陈修治、叶玉瑶等："基于夜间灯光数据的中国能源消费碳排放特征及机理"，《地理学报》，2013 年第 11 期。

田丽："基于夜间灯光数据的中国能源消费及影响因素研究"（硕士论文），华东师范大学，2019 年。

汪臻："中国居民消费碳排放的测算及影响因素研究"（博士论文），中国科学技术大学，2012 年。

王安静、冯宗宪、孟渤："中国 30 省份的碳排放测算以及碳转移研究"，《数量经济技术经济研究》，2017 年第 8 期。

王丹寅、唐明方、任引等："丽江市家庭能耗碳排放特征及影响因素"，《生态学报》，2012 年第 24 期。

王妍、石敏俊："中国城镇居民生活消费诱发的完全能源消耗"，《资源科学》，2009 年第 12 期。

王铮、吴静、张帅等："寻求合理的全球碳减排方案——气候变化经济学集成评估：建模、开发与系统应用"，《中国科学院院刊》，2012 年第 5 期。

王铮、刘筱、刘昌新等："气候变化伦理的若干问题探讨"，《中国科学：地球科学》，2014 年第 7 期。

王铮、朱永彬："中国各省区碳排放量状况及减排对策研究"，《中国科学院院刊》，2008 年第 2 期。

吴健生、牛妍、彭建等："基于 DMSP/OLS 夜间灯光数据的 1995～2009 年中国地级市能源消费动态"，《地理研究》，2014 年第 4 期。

吴静、朱潜挺、王诗琪等："巴黎协定背景下全球减排博弈模拟研究"，《气候变化研究进展》，2018 年第 2 期。

吴开亚、王文秀、朱勤："上海市居民食物碳消费变化趋势的动态分析"，《中国人口·资源与环境》，2009 年第 5 期。

肖作鹏、柴彦威、刘志林："北京市居民家庭日常出行碳排放的量化分布与影响因素"，《城市发展研究》，2011 年第 9 期。

谢园方："旅游业碳排放测度与碳减排机制研究"（硕士论文），南京师范大学，2012 年。

徐超、王云鹏、黎丽莉："中国 1998～2012 年 PM2.5 时空分布与能源消耗总量关系研究"，《生态科学》，2018 年第 1 期。

徐超、王云鹏、黎丽莉："基于泰尔指数的中国能源消耗时空特征定量分析"，《绿色科技》，2017 年第 8 期。

杨亮："基于消费水平的家庭碳排放谱研究"（博士论文），华东师范大学，2014 年。

杨选梅、葛幼松、曾红鹰："基于个体消费行为的家庭碳排放研究"，《中国人口·资源与环境》，2010 年第 5 期。

姚亮、刘晶茹、王如松："中国城乡居民消费隐含的碳排放对比分析"，《中国人口·资源与环境》，2011 年第 4 期。

张福文："基于 DMSP/OLS 夜间灯光数据的广西 1992～2012 年能源消费研究"（硕士论文），广西师范学院，2015 年。

张馨、牛叔文等："中国城市化进程中的居民家庭能源消费及碳排放研究"，《中国软科学》，2011 年第 9 期。

张艳："城市环境条件对家庭直接能耗碳排放的影响"，《河南大学学报》，2013 年第 4 期。

张永香、黄磊、周波涛等："1.5℃全球温控目标浅析"，《气候变化研究进展》，2017 年第 4 期。

郑思齐、霍燚："低碳城市空间结构：从私家车出行角度的研究"，《世界经济文汇》，2010 年第 6 期。

智静、高吉喜："中国城乡居民食品消费碳排放对比分析"，《地理科学进展》，2009 年第 3 期。

钟悦之：“江西省碳排放时空变化特征研究”（硕士论文），江西师范大学，2011 年。

周梦子、周广胜、吕晓敏等：“基于 CMIP5 耦合气候模式的 1.5℃和 2℃升温阈值出现时间研究”，《气候变化研究进展》，2018 年第 3 期。

周平、王黎明：“中国居民最终需求的碳排放测算”，《统计研究》，2011 年第 7 期。

朱勤、彭希哲、吴开亚：“基于投入产出模型的居民消费品载能碳排放测算与分析”，《自然资源学报》，2012 年第 12 期。

朱勤、彭希哲、吴开亚：“基于结构分解的居民消费品载能碳排放变动分析”，《数量经济技术经济研究》，2012 年第 1 期。

庄贵阳：“后京都时代国际气候治理与中国的战略选择”，《世界经济与政治》，2008 年第 8 期。

庄幸、姜克隽等：“石家庄市居民生活和出行的碳足迹及其环境影响因素分析”，《气候变化研究进展》，2016 年第 6 期。